GEORGE ADAMS

Grundfragen der Naturwissenschaft

Aufsätze zu einer
Wissenschaft des Ätherischen

VERLAG FREIES GEISTESLEBEN

© 1979 Verlag Freies Geistesleben GmbH, Stuttgart
Satz und Druck: ARPA-Druck, Langnau/Zürich
ISBN 3 7725 0405 1

Inhalt

Rudolf Steiners Überwindung des Agnostizismus

Der Agnostizismus ist noch immer - obwohl viele von uns sich bemühen, das in Abrede zu stellen - die Krankheit unserer Zeit. Vieles wird gesagt und geschrieben, um zu zeigen, daß dem nicht so ist. Vertreter der Religion verlegen ihren Schauplatz von konkreten Dogmen und angeblich historischen Tatsachen auf abstrakte Wahrheiten und allegorische Interpretationen. In der Wissenschaft verkünden Professoren und Amateure feierlich, daß der Materialismus überwunden sei; die letzten Prinzipien der Physik sind nicht mehr »die winzigen Billiardkugeln« – die materiellen Atome – , sondern Kraftfelder, Raum-Zeit-Komplexe, abstrakte mathematische Gesetze und Formen von faszinierender Schönheit, – kurz, Entitäten, deren Existenzform kaum anders als rein geistig vorgestellt werden kann.

Doch der tiefe Konflikt zwischen Wissenschaft und Religion wird durch diese Veränderungen und Konzessionen nicht gelöst. Der leichte Optimismus der Redensart: »Der Materialismus ist überwunden«, wurde von Rektor Jacks in einem Artikel über das Symposion »Wissenschaft, Religion und Wirklichkeit«[1] geschickt in Frage gestellt. Wie der hervorragende Physiker und Astronom A. Eddington erklärt, hat sich die Wissenschaft mit der Lehre vom »Welt-Geist« angefreundet, doch sie sagt nichts darüber aus, ob dieser gut oder böse ist. »Es ist ganz richtig«, sagt Jacks, »die neue Tendenz innerhalb der Wissenschaft räumt denjenigen das Feld, die den Welt-Geist als wohlwollenden Vater darstellen möchten. Doch räumt sie nicht ebenso einem Thomas Hardy und anderen namhaften Persönlichkeiten das Feld, die ihn als etwas unseren menschlichen Idealen gegenüber völlig Gleichgültiges auffassen wollen? und er fährt fort: »Ich kann den Trost, den viele meiner Zeitgenossen den Leistungen dieser neuen Tendenz in der Wissenschaft zu entnehmen scheinen, nicht akzeptieren. Ich habe das Gefühl, sie verschärfen die religiöse Problematik, verglichen mit der bisherigen Lage. Was die neue Tendenz vor allem geleistet hat, ist, den Namen der Gottheit, den der Materialismus früher zu »Materie« abgeändert hatte, wiederum zurückzuverwandeln zum Ausdruck, der vom johanneischen Christus stammt – dem Ausdruck »Geist«. Aber im Gegensatz zum Schreiber des Johannes-Evangeliums und zum Neuen Testament im allgemeinen läßt sie uns darüber im unklaren, mit welcher Art von »Geist« wir es zu tun haben. Die Krise der religiösen Frage ist nun an dem Punkt zu finden, auf den sie die neue Tendenz verlagert hat, doch lediglich, um sie zu verschärfen.«

Solche Worte müssen uns willkommen sein. Mit leichtfertigem Optimismus und nur wenig Aufwand an philosophischem Denken den ernsteren Zwiespalt zwischen der religiösen und der wissenschaftlichen Weltanschauung, der das 19. Jahrhundert kennzeichnete, beiseite zu schieben, heißt – wie wir vielleicht noch entdecken werden – , einem im Vergleich zu früher vergeistigteren, tieferwurzelnden und schädlicheren Agnostizismus den Weg zu ebnen.

Die Frage des Agnostizismus kann unter zweifachem Aspekt betrachtet werden: wissenschaftlich und mystisch. Die Wissenschaft, so wie sie in der westlichen Welt in den jüngst vergangenen Jahrhunderten entwickelt worden ist, ist zweifellos die Hervorbringerin des Agnostizismus. Die Frage vom wissenschaftlichen Standpunkt aus aufzuwerfen bedeutet eine Rechtfertigung der agnostischen Haltung, zunächst jedenfalls. Andererseits ist die mystische Einsicht durch die absolute innere Gewißheit charakterisiert, mit der sie auftritt. Mystik und Agnostizismus sind Ur-Antagonisten in der menschlichen Seele; sie können kaum ko-existieren, es sei denn, beiden werde eine Sphäre zugeordnet, in die das andere Element nicht eingreifen darf.

Wissenschaft im landläufigen modernen Sinne untersucht die sichtbare Welt und findet deren verborgene Gesetze und Kräfte. Gewisse Probleme scheinen sich dabei aufgrund ihrer Eigenart ihrem Zugriff zu entziehen: so zum Beispiel die Existenz der menschlichen Seele vor der Geburt und nach dem Tod; der Ursprung und die letzte Bestimmung von Erde und Menschheit; die übernatürlichen Tatsachen, die mit der Geburt, der Mission und dem Tod von großen Religionsstiftern verbunden sein sollen. Insofern sich diese Tatsachen mit »wissenschaftlichen« Mitteln nicht entdecken lassen, erklärt sich die Wissenschaft selbst als agnostisch. Für diejenigen, die *ausschließlich* im Banne der Wissenschaft stehen, ist diesen grundlegenden Fragen gegenüber der Agnostizismus tatsächlich die einzig mögliche Haltung, die mit der intellektuellen Aufrichtigkeit vereinbar ist.

Zwar erweitern sich die Mittel der Wissenschaft täglich. Das Zeugnis der Gesteine, das zunehmende Wissen von physischen und astronomischen Vorgängen, befähigen uns – oder verführen uns dazu – Vergangenheit und Zukunft zu rekonstruieren und zu berechnen. Manche werden behaupten, die Parapsychologie biete zwingendes Beweismaterial für das Fortleben des Menschen nach dem Tode. – Wir brauchen uns nicht damit aufzuhalten, die Irrtümer zu erörtern, die in beiden Fällen auftreten können. Wieviel auch immer auf diese Weise entdeckt oder erschlossen werden mag, die Sphäre des wissenschaftlichen Agnostizismus wird nur um Weniges eingeschränkt. Der Diskussion halber mögen wir sogar annehmen, daß es von der wissenschaftlichen Parapsychologie bewiesen sei, daß die Seele weiterlebt. Wie lebt sie weiter? Wie lange und in welchen Welten? Im Verkehr mit welchen anderen Wesen? Sogleich stellen sich tausend Fragen ein, auf welche die Wissenschaft wie früher nur antworten kann: wir sind unwissend –agnostisch. Die Fragen, welche die Wissenschaft, die sich auf das Zeugnis der Sinne stützt, nicht beantworten kann, sind gerade die Fragen, zu denen es die menschliche Seele im Glauben und im Wissen am meisten hinzieht. Wenn die Wissenschaft sie für einen einzigen Augenblick zu lösen scheint, so bleibt die wirkliche Sehnsucht dennoch unbefriedigt. Ihre Erfüllung ist eine vorübergehende Täuschung. Denn die Fragen, nach deren Beantwortung sich die menschliche Seele sehnt – wie immer sie auch formuliert sein mögen – können aus der Natur der Sache heraus keine Befriedigung finden durch irgendwelche weiteren Zeugnisse der Sinne. Diese Sehnsuchten entstehen im Menschen, weil die Sinneswelt aus sich selbst seinen Geist niemals befriedigen kann. Die Welt der Sinneserfahrung ist einseitig und unvollständig. Das empfindet jeder Mensch, sogar der unkultivierteste; doch der nicht philosophisch geschulte Geist läuft immer wieder Gefahr, diese Tatsache falsch zu interpretieren: die prinzipielle Unvollständigkeit für eine solche der Quantität zu halten. »Wenn die Toten nur wiederkehren und sich mitteilen könnten, Auge oder Ohr sichtbar oder vernehmbar, so wäre unsere Sehnsucht befriedigt, unsere Ungewißheit aufgehoben.« Nein, so ist es nicht. Wie weit der Bereich der Sinne auch ausgedehnt werden mag, er kann die fundamentalen Sehnsuchten niemals befriedigen. Und wenn er es einmal zu tun scheint – ob tatsächlich oder auch nur vermeintlich – wird der menschliche Geist die Täuschung früher oder später bemerken – und rebellieren. Das geschah im 19. Jahrhundert in bezug auf die gröberen religiösen Vorstellungen von einem Fortleben nach dem Tode. »Ich kann Ernst Haeckel nur zustimmen«, sagt Rudolf Steiner, »wenn er einer Unsterblichkeit, wie sie manche Religion lehrt, die 'ewige Ruhe des Grabes' vorzieht. Denn ich finde eine Herabwürdigung des Geistes, eine widerwärtige Sünde *wider den Geist* in der Vorstellung einer nach Art eines sinnlichen Wesens fortdauernden Seele.«[2] Derselbe Abscheu macht sich heute bei nachdenklichen Menschen bemerkbar gegenüber der Befriedigung, die der Spiritismus

9

bietet mit seinen angeblichen Sinnes-Beweisen von einem Jenseits oder einer Verbindung mit den Toten.

Insofern die moderne Wissenschaft ihre Gewißheit auf die Wahrnehmung der Sinne baut, muß sie agnostisch bleiben. Wie steht es nun mit der Mystik? Die Mystik ist für das innere Leben des einzelnen Menschen so sicher die Überwinderin des Agnostizismus, wie ihn die Wissenschaft verursacht. Die mystische Erfahrung – im weitesten Sinne des Wortes – ist jene Erfahrung des inneren Lebens, die die grundlegenden Sehnsüchte zugleich rechtfertigt und befriedigt. Sie entspringt nicht der Welt der Sinnes-Erfahrung, sondern aus demjenigen im Menschen, was dieser Welt gegenübersteht. Sie ist keineswegs nur auf jene beschränkt, die wir Mystiker nennen; bei ihnen erscheint sie nur in ungewöhnlicher Intensität und Schönheit. Jedem wahren Philosophen und allen wirklich religiösen Menschen ist sie bekannt. Den einen Menschen erreicht sie inmitten der Lebensprüfungen, wenn er gerade bemüht ist – aus den Tiefen seines moralischen Wesens heraus – einem Schicksalsschlag mit Gleichmut zu begegnen. Einen anderen erreicht sie in der Stille mystischer Versenkung; einen dritten auf den steilen Anhöhen philosophischer Gedankengänge; einen vierten in blitzartigen Erleuchtungen eines »kosmischen Bewußtseins«, wenn die gesamte natürliche Umgebung mit einer poetischen Schönheit verklärt ist. Eine solche Erfahrung ist in unserer Zeit nichts Ungewöhnliches. Sie wird in unterschiedlicher Intensität von der großen Mehrheit der Menschen gemacht. Das Vorherrschen des zeitgenössischen Agnostizismus ist nicht dem Fehlen mystischer Erfahrung zuzuschreiben, sondern der größeren Macht, die die Wissenschaft über unseren Geist und unser Leben besitzt. Der Agnostizismus steckt deshalb viel mehr in der Atmosphäre, in der intellektuellen Anschauungsweise unseres Zeitalters als in den wirklichen Überzeugungen des einzelnen. Man erforsche sie nur gründlich genug, und die Mehrzahl der Menschen sind in ihrem Herzen skeptisch, sogar gegenüber dem von ihnen vertretenen Agnostizismus. Nur jene, bei denen die wissenschaftliche Weltansicht völlig vorherrschend ist und die eine von Natur aus leidenschaftliche oder religiöse Veranlagung damit verbinden, sind Agnostiker aus – falls wir uns dieses Paradoxons bedienen dürfen – herzhafter, »gnostischer« Überzeugung.

Vom Gesichtspunkt der reinen Mystik mag eingewendet werden, der Titel des vorliegenden Essays sei irreführend. Kein Mensch kann den Agnostizismus für seinen Mitmenschen überwinden. Jeder einzelne muß ihn für sich selbst überwinden. In einem gewissen Sinne stimmt das. Doch der Agnostizismus des Zeitalters reicht tiefer. Er besteht in der Tatsache, daß Wissenschaft und Mystik in den Seelen der modernen zivilisierten Menschen ein getrenntes Dasein führen. Die mystische oder religiöse Erfahrung, deren Wert für das persönliche Leben des einzelnen zwar anerkannt wird, gilt im üblichen Sinne der modernen Wissenschaft nicht als eine Quelle der wissenschaftlichen Erkenntnis. Es wird höchstens zugestanden, daß eine derartige Erfahrung die bereits mit den Sinnen festgestellte Erkenntnis nachträglich beleuchten könne.

Für viele Menschen ist diese Ansicht so gut wie selbstverständlich geworden. Doch das war nicht immer so. Noch vor verhältnismäßig kurzer Zeit galt die mystische, religiöse oder rein philosophische Einsicht als etwas, was durchaus zu wissenschaftlichen Entdeckungen führen konnte, sogar in bezug auf die Beschaffenheit der natürlichen Dinge. Im Tagebuch von George Fox aus dem Jahre 1648 wird uns ein schönes Beispiel eines solchen Glaubens gegeben: »Nun war ich im Geiste durch das Flammenschwert hindurch ins Paradies Gottes gekommen. Alles war neu, und die ganze Schöpfung strömte für mich einen anderen Geruch aus als früher, jenseits von allem, was Worte ausdrücken können. Ich kannte nichts anderes als Reinheit und Unschuld und Rechtschaffenheit, und ich wurde wieder von Jesus Christus zum Bilde Gottes erneuert, so daß ich sagen konnte, ich erreichte den Zustand, in dem Adam sich vor dem Fall befand. Die Schöpfung offenbarte sich mir, und mir wurde gezeigt, wie alle Dinge ihre Namen bekamen, entsprechend ihrem Rang und Wesen. Und ich war in einem solchen Geisteszustand, daß ich mich fragte, ob ich zum Wohl der Menschheit die Heilkunst praktizieren sollte, da ich sah, wie mir der Herr Rang und Wesen der Geschöpfe derart offenbarte.« Es könnte nicht deutlicher gesagt werden: die mystische Erfahrung besitzt in ihrer höchsten Potenz eine wissenschaftliche Kraft zur Enthüllung der einzelnen Eigenschaften der Natur. Daß der Mystiker selbst diese Ansicht habe, ist auch in unserer Zeit verständlich; worauf es aber ankommt, ist, daß in einer gar nicht so fernen Vergangenheit eine solche Ansicht von der großen Mehrzahl sogar der Gebildeten geteilt wurde. Nach wissenschaftlicher Erkenntnis wurde auf mystischem und philosophischem Wege gesucht. Inmitten der Extravaganzen der halb-okkulten, halb-wissenschaftlichen Schulen des 17. und 18. Jahrhunderts ist diese Wissenschaftstheorie vor 100 bis 150 Jahren bei den deutschen Romantikern und Naturphilosophen noch einmal aufgeblüht, wie eine letzte sterbene Flamme, die dann tatsächlich erlosch. Die Vorstellung einer Wissenschaft, die sich lediglich auf die Sinneswahrnehmungen und deren logische Analyse gründet, hat sich durchgesetzt. In England, wo weltanschauliche Differenzen nicht so bewußt oder scharf herausgearbeitet werden, hat der alte Ausdruck »Naturphilosophie« überlebt und wurde für eine rein äußerliche und in sich selbst völlig unphilosophische Wissenschaft verwendet.

Moderne Philosophen und Vertreter einer religiösen Mystik anerkennen, für wissenschaftliche Ziele, fast allgemein die Monopolstellung einer einzig und allein auf die Sinneswahrnehmung gegründeten Wissenschaft. Sie möchten sich gerne einreden, daß es gut ist so; daß mystische Philosophie und Religion neben einer solchen Wissenschaft in glücklicher Weise bestehen, ja sie sogar beseelen kann. Zu diesem Zweck werden jährlich Bände geschrieben, die mit ihrer Beredsamkeit überzeugend wirken. Zum Beispiel sagen viele moderne Verteidiger des Christentums: Das wahre Christentum werden wir innerhalb des Tatsachenrahmens aufbauen, den die fortschrittliche historische Kritik in bezug auf die Ereignisse von Palästina und das, was sich daran anschloß, zuläßt. Das Ablegen von alten abergläubischen Anschauungen und veralteten Dogmen wird die wahre Vorstellung von Religion nicht trüben; im Gegenteil, es wird sie reinigen. Mit Recht ist gesagt worden, daß die Wissenschaft heute das Feld absteckt, auf dem sich Religion und Philosophie nach Belieben tummeln dürfen; in Wirklichkeit hat sich das Blatt schon im Mittelalter gewendet. Diese Lage genießt allgemeine Anerkennung. Der Okkultist, der fordert, daß die Grenzen übersprungen werden, hat in der Welt der Intellektuellen nicht mitzureden, so interessant er auch sein mag. Der Mystiker, der seine Erfahrungen in einer rein persönlichen Form vorbringt, wird umso freudiger toleriert.

Doch wie schön und großartig auch immer die Rechtfertigungen des vorhandenen Dualismus zwischen Wissenschaft und mystischer Erfahrung sein mögen, sie bedeuten keine wahre Überwindung des Agnostizismus. Das menschliche Herz sehnt sich immer noch nach der wahren Synthese. Vorausgesetzt, wir mißverstehen die Ausdrücke nicht, so können wir diese Sehnsucht auf zweifache Weise zum Ausdruck bringen. Unsere Wissenschaft ermangelt der Mystik;[3] unsere mystische Erfahrung ist wissenschaftlich indiskutabel. Wie soll die Wissenschaft einen mystischen und die Mystik einen wissenschaftlichen Wert erhalten?

Die realen Impulse von Wissenschaft und Mystik waren bei Rudolf Steiner von Kindheit an in mächtiger Weise vorhanden. Bereits in sehr jungen Jahren erkannte er seine Mission, beide Impulse für die Welt zu vereinigen. Mystische Erfahrung, sogar die höchste, genügte ihm nicht. Er mußte in völliger Gedankenklarheit den gemeinsamen Grund von Sinneserfahrung und mystischer Schau finden. Instinktiv betrachtete er es als seine erste Aufgabe, absolute Klarheit, Bewußtheit und Kontrolle der *Gedanken* zu gewinnen. Einsam im inneren Schauen einer geistigen Welt fand der Knabe Trost in einem Geometrie-Buch, das ihm zufällig in die Hände fiel.

»Wochenlang war meine Seele ganz erfüllt von der Kongruenz, der Ähnlichkeit von Dreiecken, Vierecken, Vielecken . . ., der pythagoreische Lehrsatz bezauberte mich.

Daß man seelisch in der Ausbildung rein innerlich angeschauter Formen leben könne, ohne Eindrücke der äußeren Sinne, das gereichte mir zur höchsten Befriedigung. Ich fand darin Trost für die Stimmung, die sich mir durch die unbeantworteten Fragen ergeben hatte. Rein im Geiste etwas erfassen zu können, das brachte mir ein inneres Glück. Ich weiß, daß ich an der Geometrie das Glück zuerst kennengelernt habe... Ich sagte mir: die Gegenstände und Vorgänge, welche die Sinne wahrnehmen, sind im Raume. Aber ebenso wie dieser Raum außer dem Menschen ist, so befindet sich im Innern eine Art Seelenraum, der der Schauplatz geistiger Wesenheiten und Vorgänge ist. In den Gedanken konnte ich nicht etwas sehen wie Bilder, die sich der Mensch von den Dingen macht, sondern Offenbarungen einer geistigen Welt auf diesem Seelen-Schauplatz. Als ein Wissen, das scheinbar von dem Menschen selbst erzeugt wird, das aber trotzdem eine von ihm ganz unabhängige Bedeutung hat, erschien mir die Geometrie. Ich sagte mir als Kind natürlich nicht deutlich, aber ich fühlte, so wie Geometrie muß man das Wissen von der geistigen Welt in sich tragen.

Denn die Wirklichkeit der geistigen Welt war mir so gewiß wie die der sinnlichen. Ich hatte aber eine Art Rechtfertigung dieser Annahme nötig.«[4]

Einige Jahre später – kaum dreizehn Jahre alt – arbeitete er Kants »Kritik der reinen Vernunft« durch, um sein Denken zu schulen. Die Wirklichkeit der geistigen Welt war ihm etwas Offenbares; doch wie sollte er sie mit der Erfahrung der äußeren Natur verbinden? »Hinter dem, was ich durch den Schuldirektor, den Mathematik- und Physiklehrer und den des geometrischen Zeichnens in mich aufnahm, stiegen nun in knabenhafter Auffassung die Rätselfragen des Naturgeschehens in mir auf. Ich empfand: ich müsse an die Natur heran, um eine Stellung zu der Geisteswelt zu gewinnen, die in selbstverständlicher Anschauung vor mir stand. Ich sagte mir, man kann doch nur zurechtkommen mit dem Erleben der geistigen Welt durch die Seele, wenn das Denken in sich zu einer Gestaltung kommt, die an das Wesen der Naturerscheinungen herangelangen kann . . . Ich wollte zu einem Urteil darüber kommen, wie das menschliche

Denken zu dem Schaffen der Natur steht . . . Zum ersten wollte ich das Denken in mir so ausbilden, daß jeder Gedanke voll überschaubar wäre, daß kein unbestimmtes Gefühl ihn in irgendeine Richtung brächte.«[5]

Der junge Hellseher, der zugleich ein scharfer Denker war, hatte bis zum Zeitpunkt, als er ins Wiener Technikum eintrat, sein Denken auf eine solche Weise geschult, daß er bald in den Kreisen von Philosophen verkehrte. Er war kaum älter als einundzwanzig Jahre, als ihn Professor Schröer für die sehr verantwortungsvolle Aufgabe einer Herausgabe der wissenschaftlichen Werke Goethes innerhalb der Kürschner-Gesamtausgabe empfahl. (Schröers Vorwort ist datiert vom August 1883, und zu diesem Zeitpunkt, als Rudolf Steiner 22 1/2 Jahre alt war, lag der erste Band mit seiner ausführlichen Einleitung in Manuskriptform bereits fertig vor.)

Drei Wendepunkte seien hervorgehoben , um auf den Entwicklungsweg von Rudolf Steiners epochemachendem Werk hinzuweisen. Der erste ist seine früheste unabhängige Veröffentlichung: »Grundlinien einer Erkenntnistheorie der Goetheschen Weltanschauung«. Das Werk wurde im Jahre 1886 veröffentlicht, während seine eigentliche Substanz in den frühen achtziger Jahren zusammen mit der Einleitung zu Goethes naturwissenschaftlichen Schriften, mit denen es eine innige Einheit bildet, herangereift war. In diesem Werk legt Steiner die Früchte seines Denkens über die Beziehung der Natur zum menschlichen Gedanken und zur Wissenschaft vor. Dem jungen Hellseher, der sein Ziel so hoch gesteckt hatte, erschien es als etwas Selbstverständliches, daß er zuerst auf den steilen Höhen der Erkenntnistheorie und der Wissenschaft vor die Welt treten werde und nicht auf dem Gebiet der Mystik, obwohl diese Form der Erfahrung seinem Herzen wohl am nächsten gelegen hat. Er wollte nicht einfach »erbauen«, wie schön an und für sich die Lehren auch wären. Der Bau, an dem er arbeitete, sollte nicht nur in den Herzen der Anhänger eines mystischen Lehrers stehen, sondern im Herzen und im Geiste der ganzen Menschheit: als ein neues Zivilisations-Gebäude, wie wir noch sehen werden. So nahm er zuerst die Wissenschaft in Angriff, diese ernste Wächterin über das intellektuelle Gewissen des Zeitalters.

Nun folgte ein Zeitraum von fast zwanzig Jahren, in dem er über philosophische und wissenschaftliche Gegenstände schrieb und dabei einen unveränderten Kurs verfolgte. Aus diese Zeit stammt die im Jahre 1894 erschienene »Philosophie der Freiheit«.

Einen zweiten Wendepunkt setzen wir auf den Zeitpunkt, als Rudolf Steiner schließlich bereit war, als esoterischer Geistes-Lehrer hervorzutreten. Das 19. Jahrhundert ging seinem Ende zu. In den Jahren 1900/1901 hielt er dann die Vorträge über »Die Mystik im Aufgang des neuzeitlichen Geisteslebens und ihr Verhältnis zur modernen Weltanschauung«. Hier kommt das Wesen der mystischen Erfahrung zum Ausdruck, und es wird gezeigt, daß sie mit den wahren Bestrebungen und Leistungen der modernen Wissenschaft im Einklang steht. Ja, es wird dies sogar auf eine solche Weise gezeigt, daß sich dadurch der Weg zu einer wirklichen Geistes-Wissenschaft eröffnet. Von da an trat Rudolf Steiner als Wissenschaftler der geistigen Welten in Erscheinung und stellte ein Erkenntnis-Gebäude vor die Welt hin, das so riesig und vielseitig ist, daß seine Zeitgenossen davor zurückschreckten, es zu untersuchen, weil sie nicht glauben wollten, daß etwas derartiges möglich ist.

Wiederum lassen wir einen Zeitraum von zwanzig oder etwas mehr Jahren verstreichen und kommen zu den letzten Lebensjahren Rudolf Steiners: den Jahren seit dem Krieg, als vieles, was er gesät hatte, bereits am Keimen war und diejenigen, die das miterlebten, mit wachsendem Staunen die ungeheuren Einflüsse auf die Zivilisation ahnen konnten, die aus der Geisteswissenschaft hervorgehen würden. Wir konnten zum Beispiel sehen, wie er andere in eine von geistiger Erkenntnis inspirierte Heilkunst einweihte. Am Ende seines langen arbeitsamen Lebens schreibt er seine Autobiographie »Mein Lebensgang« und vor allem »Anthroposophische Leitsätze«, mit klarstem Blick und Gedächtnis noch einmal auf seine vergangenen Lebensabschnitte zurückschauend, um die kostbare Essenz der geistigen Erkenntnisse, die er der Menschheit vermittelt hatte, in kurze Sätze und Essays – gleichsam in Phiolen, die je nach Inhalt verschiedene Gestalt und Farbe haben – hineinzudestillieren.

Rudolf Steiner hatte als junger Student in Wien in Goethes wissenschaftlichen Werken gefunden, wonach er selbst suchte –eine Naturauffassung, die mit geistiger Erfahrung im Einklang stand. Goethes Werk gab ihm die Gelegenheit, eine Erkenntnistheorie zu entwickeln, die der Naturwissenschaft gerecht würde, gleichzeitig aber den Stachel des Materialismus aus ihr entfernen konnte. Er richtet seine Attacke gegen den Erzfeind des mystischen Geistes – den Geist des Dogmatismus, bei welchem »uns die Wahrheit äußerlich aufgedrängt wird, statt daß wir sie selber erfassen«.[7] Im religiösen Bereich ist das eine gewohnte Vorstellung; Steiner wendet sie aber in einer etwas überraschenden Weise auf die Wissenschaft an. Es gibt nicht nur, sagt er, das Dogma der Offenbarung (in der Religion), sondern auch das Dogma der Erfahrung – in der Wissenschaft. »Das erstere liefert dem Menschen auf irgendwelche Weise Wahrheiten über Dinge, die seinem Gesichtskreise entzogen sind. Er hat keine Einsicht in die Welt, der die Behauptungen entspringen. Er muß an die Wahrheit derselben *glauben*, er kann an die Gründe nicht herankommen. Ganz ähnlich verhält es sich mit dem *Dogma der Erfahrung*. Ist jemand der Ansicht, daß man bei der bloßen reinen Erfahrung stehen bleiben soll und nur deren Veränderungen beobachten kann, so stellt er ebenfalls über die Welt Behauptungen auf, zu deren Gründen er keinen Zugang hat. Auch hier ist die Wahrheit nicht durch Einsicht in die innere Wirksamkeit der Sache gewonnen, sondern sie ist von einem der Sache selbst Äußerlichen aufgedrängt. Beherrschte das Dogma der Offenbarung die frühere Wissenschaft, so leidet durch das Dogma der Erfahrung die heutige.«[7]

Die Wissenschaft ist *nicht* die Wiedergabe einer bereits gegebenen und vollkommenen Welt, nicht eine mehr oder weniger genaue Kopie im menschlichen Geist. Von einem höheren Gesichtspunkt aus betrachtet wäre ein solcher Vorgang sinnlos. Die moderne Wissenschaft krankt daran, daß sie mehr oder weniger unbewußt eine einseitige und irrtümliche Erkenntnistheorie voraussetzt. Wenn der Mensch eine wissenschaftliche Wahrheit erfaßt, dann liest er sie nicht aus der Welt der Sinneserfahrung ab – denn in dieser ist sie einfach nicht vorhanden –, sondern aus einer Welt der Gedanken, für welche das Denken ein Wahrnehmungsorgan ist, so wie es die Sinne für die äußere Welt sind. Unser Geist ist »nicht wie ein Behälter der Ideenwelt anzusehen..., der die Gedanken in sich enthält, sondern wie ein Organ, das dieselben wahrnimmt.«[8] Was den Sinnen erscheint, ist bloß eine Seite der Wirklichkeit. Gerade ihre Unvollständigkeit erzeugt im menschlichen Geist jene Unzufriedenheit, welche den 'Grundtrieb zur Wissenschaft' ausmacht. »Die Wissenschaft ist der Abschluß des Schöpfungswerkes. Es ist die Auseinandersetzung der Natur mit sich selbst, die sich im Bewußtsein des Menschen abspielt.«[9] Hier entwickelt Rudolf Steiner in philosophischer Form, was er später als esoterische Tatsache schildert: jeder Erkenntnisakt des Menschen ist selbst ein Teil des Erlösungswerks. Es ist für die Naturgeister und die höheren Wesenheiten, deren Wirksamkeit wir mit abstrakten Begriffen als »fundamentale Naturgesetze« bezeichnen, keineswegs gleichgültig, ob der Mensch blind und passiv, ein bloßer Empfänger von Sinnes-Eindrücken, ist oder zum Akt des Erkennens aufwacht. Wahres menschliches Denken ist ein unablösbarer Teil des unsichtbaren Werks der Erlösung.

Die Gedanken, die der Mensch als Wissenschaftler empfängt, ruhen keimhaft in der Welt, so wie im Ursprung die ganze Schöpfung keimhaft vorhanden war. »Der Geist hat da die innersten Triebfedern der Wirklichkeit, die zwar auch ohne seine subjektive Einmischung Geltung hätten, zum Erscheinungsdasein zu rufen. Wäre der Mensch ein bloßes Sinnenwesen, ohne geistige Auffassung, so wäre die unorganische Natur wohl nicht minder von Naturgesetzen abhängig, aber sie träten nie als solche ins Dasein ein. Es gäbe zwar Wesen, welche das Bewirkte (die Sinnenwelt), nicht aber das Wirkende (die innere Gesetzlichkeit) wahrnähmen. Es ist wirklich die echte, und zwar die wahrste Gestalt der Natur, welche im Menschengeiste zur Erscheinung kommt.«[9] Wir hören die Worte eines modernen englischen Dichters,[10] der angesichts der überwältigenden Großartigkeit der Natur sagt:

> Der Mensch selbst
> Ist der Schlüssel zu allem, wonach er sucht.
> Er ist aus dieser Majestät nicht ausgeschlossen,
> Sondern selbst ein Teil von ihr. Sich selber
> Kennen und dieses Buch der Erde richtig lesen. . .
> Hieße die Musik entdecken, die sich hoch
> Über seine schleppenden Gedanken und
> Auch all seine Märchen erhebt;
> Gesang der Wahrheit, der das ätherische Reich
> Des Erstaunens vertieft, nicht zerstört . . .

Man ist versucht, dieses schöne philosophische Werk Satz für Satz zu zitieren; der ganze Entwicklungsgang der Anthroposophie ist darin vorgebildet. So heißt es:»Man setzt das Denken herab, wenn man ihm die Möglichkeit entzieht, in sich selbst Wesenheiten wahrzunehmen, die den Sinnen unzugänglich sind . . . Dem Denken ist jene Seite der Wirklichkeit zugänglich, von der ein bloßes Sinnenwesen nie etwas erfahren würde. Nicht die Sinnlichkeit wiederzukäuen ist es da, sondern das zu durchdringen, was dieser verborgen ist. Die Wahrnehmung der Sinne liefert nur die *eine* Seite der Wirklichkeit. Die *andere* Seite ist die denkende Erfassung der Welt.«[11] »Bürger zweier Welten, der Sinnen- und der Gedankenwelt, die eine von unten an ihn herandringend, die andere von oben leuchtend, bemächtigt sich der Mensch der Wissenschaft, durch die er beide in eine ungetrennte Einheit verbindet. Von der einen Seite winkt uns die äußere Form, von der andern das innere Wesen; wir müssen beide vereinigen.«[12] (Man vergleiche damit die zwanzig Jahre später entstandenen Kapitel über die Empfindungs-, die Verstandes- und die Bewußtseinsseele in dem Buche »Theosophie«.)

So hält Rudolf Steiner der modernen Wissenschaft den Spiegel vor, in welchem sich ihr wahres Wesen offenbart. Der Wissenschaftler, der sich selbst richtig versteht, ist auf dem Weg, die geistigen Welten zu erschließen. Der Agnostizismus wird nicht durch Flucht vor der Wissenschaft, sondern durch ein tieferes Eindringen in dieselbe überwunden. Der Wissenschaftler kann der wahre Mystiker sein. Ist diese Wahrheit in den klaren Begriffen des philosophischen Denkens einmal erfaßt worden, dann kann sie auch in den warmen Regionen des Herzens leben, ohne zu sentimentaler Verschwommenheit zu werden. Gerade durch seine Gedankenklarheit hat sich der Wissenschaftler das Recht erworben zu sagen (wie Rudolf Steiner es oft tat): Mein Labortisch wird zum Altar. In seinem ersten Buch »Goethes Naturwissenschaftliche Schriften« hat Rudolf Steiner in schönen Worten – Worte, die er vierzig Jahre später in der Nacht vor dem Brand des Goetheanums wiederum zitierte – auf die Durchdringung der Wissenschaft mit den heiligen Mysterien hingewiesen: »*Das Gewahrwerden der Idee in der Wirklichkeit ist die wahre Kommunion des Menschen.*«[13]

Man darf sich nicht vorstellen, derartige Überlegungen hätten es nur mit den wissenschaftlichen Allgemeinplätzen zu tun. Gerade wenn wir uns auf ihre Einzelheiten einlassen, wird eine wahre Erkenntnistheorie zu unserer Führerin, die unsere Denkgewohnheit und Methode der Natur der Sache anpaßt, die wir untersuchen. »Man hat da vor allem einen großen Irrtum begangen. Man glaubte die Methode der unorganischen Wissenschaft in das Organismenreich einfach herübernehmen zu sollen... Die Methode der Physik ist einfach ein *besonderer* Fall einer allgemeinen wissenschaftlichen Forschungsweise,... Wird diese Methode auf das Organische ausgedehnt, dann löscht man die spezifische Natur des letzteren aus. Statt das Organische seiner Natur gemäß zu erforschen, drängt man ihm eine ihm fremde Gesetzmäßigkeit auf.«[14] Das Verhältnis von Idee und lebender Form ist bei der lebendigen Pflanze etwas anderes als in der »leblosen« unorganischen Welt. Es wird von uns eine andere Art geistiger Tätigkeit verlangt, je nachdem, ob wir in diesem oder in jenem Falle zur Idee vordringen wollen. Mit dem zweiten Fall sind wir gut vertraut: es handelt sich um die Methode der physischen Wissenschaft, die von der modernen Naturwissenschaft irrtümlicherweise auf die gesamte, auch die organische Welt ausgedehnt wird. Wir kommen hier zur kantischen Unterscheidung einer *diskursiven* und einer *anschauenden Urteilskraft*, wobei beide Denkformen für Kant theoretisch ebenso möglich sind; doch sei der Menschheit in Wirklichkeit nur die erste gegeben worden. Goethe schrieb im Anschluß an seine »Metamorphose der Pflanzen« das wunderbare Kapitel »Anschauende Urteilskraft«, mit einem gewissen ironischen Unterton:

Trotz des »Alten aus Königsberg« würde er das »glückliche Abenteuer der Vernunft« zu unternehmen wagen und jene höhere geistige Fähigkeit für sich in Anspruch nehmen, welche nach Steiners Worten darin besteht, »denkend anzuschauen und anschauend zu denken.« Ohne diese Fähigkeit können wir die lebendige Welt wissenschaftlich nicht verstehen; wir können nur dasjenige entdecken, was in seinen Substanzen und Kräften unorganisch ist, nicht die lebendige Wesenheit – die sichtbare Idee, die diese Substanzen und Kräfte ihrem eigenen Prinzip anpaßt. Als Goethe seine Entdeckung der *Urpflanze* Schiller darlegte, schüttelte dieser seinen Kopf und antwortete: »Aber das ist keine Erfahrung; das ist eine Idee.« »Dann kann ich nur froh sein«, sagte Goethe, »daß ich Ideen habe, ohne es zu wissen, und sie sogar mit meinen Augen sehen kann.« »Es war für mich die Beruhigung eines langen Ringens«, sagt Rudolf Steiner in seinem »Lebensgang«, »was mir da aus dem Verständnis dieser Goethe-Worte entgegenkam. Goethes Naturanschauung stellte sich mir als eine geistgemäße vor die Seele.«[15]

All das, was später in der Anthroposophie über die imaginative Erkenntnis (die erste Stufe des höheren oder hellseherischen Denkens) und über den Ätherleib der Pflanzen und anderer lebender Organismen weiter ausgearbeitet wurde, ist keimhaft schon in den rein philosophischen Begriffen dieser »Erkenntnistheorie« vorhanden. Der auf den Wegen Rudolf Steiners wandelnde Mystiker oder Hellseher wird niemals seine wissenschaftliche Standfestigkeit in visionärer Ekstase verlieren. Jede höhere Stufe des wissenschaftlichen Denkens erfüllt die wissenschaftlichen Forderungen, die auf der vorangegangenen gestellt wurden. Die Physik selbst offenbart das Bedürfnis nach einer höheren Wissenschaft, damit auch das, was nicht rein physischer Natur ist, begriffen werden kann: der lebendige Organismus. Wir erheben uns zur *imaginativen* Erkenntnisstufe, die sich in Goethes anschauender Urteilskraft, in seiner »Metamorphose der Pflanzen« ankündigte. Wiederum wird diese Wissenschaftsstufe von selbst ihr Ungenügen offenbaren, wenn das höhere Prinzip, das in der Welt der empfindenen Tiere verkörpert ist, erfaßt werden soll. Hier weist Rudolf Steiner den Weg zur *inspirativen* Erkenntnisform – derjenigen Stufe eines hellsichtigen Bewußtseins, auf der Kraft des inneren Schweigens der bewußten Seele die geistigen Töne des Universums vernommen werden. Wir begreifen die Formen und Bewegungen der Tiere in einem tiefen Zusammenhang mit ihrem Empfindungs- und ihrem seelischen Leben, mit der Weisheit, die die Instinkte der Gruppe inspiriert – mit der kosmischen Quelle der äußeren Form wie des inneren Lebens. Und wenn wir schließlich den Menschen begreifen wollen, müssen wir noch einmal eine höhere Wissenschaftsstufe ersteigen: diejenige der *intuitiven* Erkenntnis. Denn beim Menschen ist das geistige Wesen in die äußere Form herabgestiegen. Im Gegensatz zu Pflanze oder Tier ist das menschliche Geistwesen nicht *eine* Ausgestaltung seiner Idee, sondern *die* Ausgestaltung derselben.[16]

Nachdem wir nun zur Erkenntnis des Menschen durch den Menschen gelangt sind, ist es vielleicht am Platz, uns nochmals dem Buche »Die Mystik« zuzuwenden, das mit dem Apollon-Spruch beginnt: Erkenne Dich Selbst. Dieses Buch kann wirklich der Verkünder der Bewußtseinsseele im Menschen genannt werden. Es steht an der Schwelle zu jener Phase in Rudolf Steiners Lebenswerk, in der er dasjenige entfaltete, was vielleicht die neue Gnosis der Anthroposophie (in ihrer Art grundverschieden von der alten Gnosis) genannt werden kann, und schon ihr bloßes Dasein ist der Beweis, daß das Zeitalter des Agnostizismus überwunden worden ist. Den Weg zu seiner Überwindung hatte Rudolf Steiner in seinen »Grundlinien« gewiesen. Nun war er im Begriff, diese Überwindung in den praktischen Lebensbereichen zu leisten.

Rudolf Steiners wahres Verhältnis zur Mystik geht deutlich aus der folgenden Stelle seiner Autobiographie hervor: »Beginnt man die Geist-Welt als Mystiker darzustellen, so ist jedermann voll berechtigt zu sagen: du sprichst von deinen persönlichen Erlebnissen. Es ist subjektiv, was du schilderst. Einen solchen Geistesweg zu gehen ergab sich mir aus der geistigen Welt heraus nicht als meine Aufgabe.

Diese Aufgabe bestand darin, eine Grundlage für die Anthroposophie zu schaffen, die so objektiv war wie das wissenschaftliche Denken, wenn dieses nicht beim Verzeichnen sinnenfälliger Tatsachen stehenbleibt, sondern zum zusammenfassenden Begreifen vorrückt. Was ich wissenschaftlich-philosophisch, was ich in Anknüpfung an Goethes Ideen naturwissenschaftlich darstellte, darüber ließ sich diskutieren. Man konnte es für mehr oder weniger richtig oder unrichtig halten; es strebte aber den Charakter des Objektiv-Wissenschaftlichen in vollstem Sinne an.

Und aus diesem von Gefühlsmäßig-Mystischem freien Erkennen heraus holte ich dann das Erleben der Geistwelt. Man sehe, wie in meiner 'Mystik', im 'Christentum als mystische Tatsache' der Begriff der Mystik nach der Richtung dieses *objektiven* Erkennens geführt ist.«[17]

Der Agnostizismus war die Finsternis, in deren Mitte die Bewußtseinsseele des Menschen zuerst ihr inneres Licht erfassen mußte. Aber das dunkle Zeitalter ist zu Ende. Mystik auf ihrer höchsten Stufe bleibt nicht mehr stumm. Sie ist nicht mehr Meister Eckhardts ewiges »Gottes-Nichts«

und auch nicht mehr die »Docta ignorantia«, die gelehrte Unwissenheit, des Nikolaus von Kues. Die Bewußtseinsseele, die ihr eigenes Licht gefunden hat, kann wieder in das vollstrahlende Licht der geistigen Welt (der wahren Welt der Ideen) eintauchen, die alle Geschöpfe erleuchtet. So kann der Mystiker zum Geisteswissenschaftler werden. »Das Licht, das auf mich selbst fällt bei meiner Erweckung«, sagt Steiner, von der wahren Selbst-Erkenntnis, die ein Selbst-Erwachen ist, sprechend, »fällt auch auf das, was ich von den Dingen der Welt mir angeeignet habe. Ein Licht blitzt in mir auf und beleuchtet mich und mit mir alles, was ich von der Welt erkenne. Was immer ich erkenne, es bliebe blindes Wissen, wenn nicht dieses Licht darauf fiele.«[18] »Mit der Erweckung meines Selbst vollzieht sich eine geistige *Wiedergeburt* der Dinge der Welt.«[19] Steiner gibt ein einfaches Beispiel, bei dem sich dieser geistige Prozeß sogar in der Wissenschaft zeigt, mit der wir am besten vertraut sind. Er nimmt die parabolische Bewegung des fallenden Steines. Nachdem er gezeigt hat, wie der Geist den Prozeß von zwei verschiedenen Begriffen her aufbaut: dem der Trägheit des dem Stein ursprünglich verliehenen Antriebs und dem der konstanten Abwärtsbeschleunigung, fährt er fort: »Nehmen wir an, ich könnte die beiden Einflüsse nicht gedankenmäßig trennen und aus ihrer gesetzmäßigen Verbindung das wieder gedankenmäßig zusammenfügen, was ich sehe: so bliebe es beim Gesehenen. Es wäre ein geistig blindes Hinsehen; ein Wahrnehmen der aufeinanderfolgenden Lagen, die der Stein einnimmt. In der Tat aber bleibt es *nicht* dabei. Der ganze Vorgang vollzieht sich zweimal. Einmal draußen, und da sieht ihn mein Auge; dann läßt mein Geist den ganzen Vorgang noch einmal entstehen, auf geistige Weise. Auf den geistigen Vorgang, den mein Auge nicht sieht, muß mein innerer Sinn gelenkt werden, dann geht ihm auf, daß ich aus meiner Kraft heraus den Vorgang als geistigen erwecke.«[20] Der Akt des Wissenschaftlers ist sogar in diesem Bereich der Mechanik – wenn er es nur wüßte – ein geistiger Akt. Um diese Tatsache zu realisieren, bedarf es nur der Selbsterkenntnis, und der Wissenschaftler wird sich – dem Ernst seines wissenschaftlichen Gewissens treu bleibend – auf den esoterischen, mystischen Pfad begeben. Dann wird er höhere Erkenntnisfähigkeiten entwickeln, welche ihn über den Bereich von Physik und Mechanik hinaus in die lebendige Welt der Pflanzen und Tiere und in die aus Leib, Seele und Geist bestehenden Menschen selbst hineintragen.

Dies ist die Sprache der Bewußtseinsseele; sie bringt die Menschlichkeit des neuen Zeitalters zum Ausdruck. Wir vernehmen dieselbe Stimme wiederum in den »Anthroposophischen Leitsätzen«, die ein Jahr vor dem

Tode des großen Lehrers erschienen sind: »Die Natur ist nicht geistlos. Man verliert erkennend auch die Natur, wenn man in ihr den Geist nicht gewahr wird. Aber man wird allerdings innerhalb des Naturdaseins den Geist wie schlafend finden. So wie aber der Schlaf im Menschenleben seine Aufgabe hat und das »Ich« eine gewisse Zeit schlafen muß, um zu einer anderen recht wach zu sein, so muß der Weltengeist an der »Natur-Stelle« schlafen, um an einer anderen recht wach zu sein.«[20] Sich von der Natur dann wiederum dem Menschen zuwendend, fährt Rudolf Steiner fort: »Der Welt gegenüber ist die Menschenseele ein träumendes Wesen, wenn sie nicht auf den Geist achtet, der in ihr wirkt. Dieser weckt die im eigenen Innern webenden Seelenträume zur Anteilnahme an der Welt, aus welcher des Menschen wahres Wesen stammt. Wie sich der Träumende vor der physischen Umwelt verschließt und in das eigene Wesen einspinnt, so müßte die Seele ihren Zusammenhang mit dem Geiste der Welt verlieren, aus dem sie stammt, wenn sie die Weckrufe des Geistes in sich selbst nicht hören wollte.«[21]

Solche und viele anderen Worte würden den größten Mystikern Ehre machen. Doch Rudolf Steiner, der sie am Ende eines langen im Zeichen des Dienens stehenden Lebens niederschreibt, ist kein bloßer Mystiker. Sein Lebenswerk ist nicht nur Mystik oder Philosophie; es ist mehr. »Das Unzulängliche, hier wird's Ereignis.« In seiner Geisteswissenschaft hat die Welt ihre Geheimnisse geoffenbart. Die *creatura* – durch viele Jahrhunderte hindurch unter einem Banne – spricht wiederum ihr *Wort* aus, als Antwort auf den Lobgesang des Menschen. Die Kräuter und Tiere, die Sterne, die Erde, der menschliche Körper mit seinen Organen in Gesundheit und Krankheit, das gesprochene Wort des Menschen selbst, die Sprachen und Nationen, die Töne der Lieder, die zarten Geheimnisse der Kindheit, alle diese Schöpfungsgaben – hinab bis zu den niedersten Naturreichen, den Steinen und Metalladern – sprechen in dieser Geisteswissenschaft ihr Geheimnis aus. Die Tür ist geöffnet worden und niemand soll sie wieder schließen. Der Agnostizismus ist nicht nur überwunden: die Wissenschaft selbst ist unendlich reicher geworden. Und was für die Wissenschaft gilt, das gilt auch für die Religion. Wiederum finden wir uns auf den Höhen der Geisteswissenschaft mit den Gläubigen aller Zeiten vereint.

Die Physik und das Licht der Welt

Es ist ein charakteristisches und hoffnungsvolles Zeichen der Zeit, das weitverbreitete Interesse mitzuerleben, das von jenen Schriften erregt wird, in denen zeitgenössische Wissenschaftler versuchen, aus dem Mahlstrom der wechselnden physikalischen Theorien heraus eine fundamentale Tendenz zu einer mehr kosmischen Philosophie zu entdecken.› Beispielshalber sei besonders auf die Schriften von zwei hervorragenden Engländern verwiesen: der Professoren Eddington und Whitehead. Immer wieder stoßen wir bei denkenden Menschen – vor allem der jüngeren Generation – auf eine äußerst aufrichtige Sehnsucht nach einer spirituellen Kosmologie, die sich, wie sie glauben, aus dem wissenschaftlichen Fortschritt ergeben wird.

Wie jedermann weiß, gehen mit der Physik unvorhergesehene Veränderungen vor. Sie hat sich bereits um mehrere Stufen vom unerschütterlichen Materialismus entfernt, der ihr im 19. Jahrhundert ein sicheres Fundament gab oder zu geben schien.

Für eine kurze Zeit vermochte die Elektrizitäts-Theorie der Materie der materialistischen Betrachtungsweise eine vorübergehende Wohnstätte zu bieten. Obwohl das »Elektron«, wie schon sein Name sagt, nicht ein »Materie-«, sondern ein »Elektrizitäts-Partikel« war, stellte man es sich immer noch – das gilt jedenfalls für die Mehrheit der Gelehrten – auf materialistische Weise vor. Es kommt nicht auf den *Namen,* es kommt auf die *Qualität* der Idee an. Doch das war, wie gesagt, nicht mehr als eine vorübergehende Wohnstätte. Die Entdeckungen und die Gedankenformen, die der »Elektronentheorie« zugrundeliegen, führten sehr schnell zu einer weiteren Auflösung. Das »Elektrizitäts-Partikel« (wie es sich die populäre Phantasie naiverweise vorstellte) wurde seinerseits von den Gedanken-Wellen »unter Wasser gesetzt«. Heute ist die Physik, was ihre fundamentalen Ideen angeht, zu einer reinen Gedanken-Struktur geworden. Es gibt kein *Ding,* kein *Substrat* mehr, *über* welches in den Theorien der modernen Physik der Wissenschaftler nachdenkt. Er bewegt sich in einer Welt von reinen Gedankenformen: diese sind die »Gesetze«, aber er hat keine Ahnung, wer oder was ihnen gehorcht.

Vor langer Zeit war es ein *Wer* – es war das lebendige Wesen, die Göttin

Natura. Die Gesetze der Wissenschaft waren die Gedanken Gottes; die Natur seine Handlangerin. Die Wissenschaft entstand als Natur-Philosophie. Später wurde aus dem Wer ein *Was*? Die Wissenschaft wurde atheistisch – wenn nicht der Empfindung, so wenigstens der Substanz nach. Die Materie gehorchte den Gesetzen der Bewegung. Diese bildeten in ihrem Wesen und in ihrer Wirkung die Totalsumme der »Naturgesetze«. Jetzt ist sogar auch das *Was* entfernt worden. Heute haben die »Gesetze«, d.h. die leeren Gedanken*formen*, das *Wesen* oder das *Ding*, das ihnen gehorchte, völlig aufgeschluckt. (Die Bewegungs-Gesetze, mit denen wir es in der modernen Theorie zu tun haben – »Quantum«, »Relativität« und »Wellenmechanik« etc. – beziehen sich nicht mehr auf räumliche Verhältnisse, in welchen sich der menschliche Geist irgendeine »materielle« Existenz vorstellen kann. Deshalb ist für die moderne Wissenschaft die alte Vorstellung von Materie oder irgendeiner Quasi-Materie wie Elektrizität oder Äther, die allem zugrunde liegen soll, inhaltslos geworden.) Die Physik kommt jenem Zustand gefährlich nahe, den der humorvolle Rationalist Bertrand Russell – jener Philosoph des 18. Jahrhunderts, der von einer Laune des Schicksals in unsere Zeit versetzt wurde – der Mathematik zuschrieb: sie ist die Wissenschaft, in der wir weder wissen, worüber wir sprechen, noch ob das, was wir sagen, wahr ist.

Kaum ein Wunder, wenn in einer solchen Lage der Wissenschaftler selbst erklärt – ich beziehe mich auf Professor Eddington in seiner Swarthmore-Rede –, daß sich der Mensch, um die *Wirklichkeit* zu finden, wieder seinem Innenleben, d.h. der dichterischen und religiösen Erfahrung zuwenden soll. *Je weiter die Physik fortschreitet, umso leerer wird die Welt.* Das ist der Kern der Situation. Das anwachsende Wissen verflüchtigt die feste Wirklichkeit aller Dinge, welcher der ungeschulte Geist »Materie« nennt. Die äußere Welt, die uns so voll erschien, ist leer. Möchtest du Fülle finden, o Mensch, dann mußt du nach innen blicken!

So sieht das Urteil eines heutigen Wissenschaftlers, der Physiker und Astronom ist, aus. Wie verschieden ist es von der Zeit der »Himmelsmechanik« (Laplace, 1799-1825) oder der Vorstellung der Wärme als einer Art von Bewegung (Tyndall, 1863). Es mag ein Trost sein für das menschliche Herz – und bis zu einem gewissen Grad zurecht –, wenn der Advokat der Wissenschaft sogar selbst versichert, daß die Wirklichkeit der Dinge letzten Endes nicht in entfernten mathematischen Systemen, zu denen sich nur sehr wenige Menschen aufschwingen können, zu finden sei, sondern in den einfachen, zarten Erfahrungen liege, welche alle Menschen gemeinsam haben: in der Poesie, in der Liebe, in der Religion... Wir brauchen uns nicht damit aufzuhalten, auf die Grenzen dieses Trostes hinzuweisen; sie sind zu offensichtlich in einer Welt, in der das wirkliche Leben weder vom Traum des Dichters noch vom Gebet des Mystikers bestimmt wird, sondern von den Berechnungen des Elektrikers, den Erfindungen des Mechanikers, den dadurch hervorgerufenen massiven Bewegungen der Finanzkraft. Viel wichtiger ist es, von einem geistigen Gesichtspunkt aus zu bedenken, was dieser Augenblick in der Geschichte der Wissenschaft bedeutet. Was bedeutet der Verlust der »Materie« als eines fundamentalen wissenschaftlichen Begriffes? Was bedeutet es, daß sich der Wissenschaftler auf der Suche nach der Wirklichkeit dem inneren Leben zuwendet? Wir verstehen es, wenn wir uns daran erinnern, worauf Rudolf Steiner in seinem Buche »Die Mystik« so deutlich hingewiesen hat.[2] Das volle Erwachen des *Ich* im inneren Erleben des Menschen ging Hand in Hand – nicht bloß zufällig, sondern mit innerer Notwendigkeit – mit der Geburt der Wissenschaft im modernen Sinne. Die Befreiung der religiösen Erfahrung von den Fesseln des Dogmas – nicht nur im trivialen Sinne einer »Glaubensfreiheit«, sondern in ihrer tieferen Bedeutung, wie wir sie bei den Mystikern von Meister Eckhart bis Angelus Silesius antreffen – dies war das notwendige Gegenstück zum Heraufkommen einer rein objektiven Wissenschaft von der äußeren Natur. Wir können hier nur auf die wundervollen Darstellungen in dem bereits erwähnten Buch von Rudolf Steiner verweisen, ein Werk, dessen tiefe Bedeutsamkeit zu wenig geschätzt wird, obwohl es weithin bekannt ist und bewundert wird.

Bis zum Mittelalter war die äußere materielle Welt noch immer bis zu einem gewissen Grade beseelt. So ist es in seltenen Ausnahmefällen bei einfachen Bauern bis auf den heutigen Tag geblieben. Dafür hatte das innere menschliche Seelenleben noch nicht die geistige Freiheit erreicht. Die Trennung von »Ich« und »Welt« war noch nicht vollständig vollzogen. Es war ein verborgener Prozeß der menschlichen Evolution, als in einem der größten zeitlichen Wendepunkte einerseits die äußere Natur für das menschliche Erleben etwas rein Objektives, andererseits das Erfassen des Göttlichen für das menschliche Ich eine Sache rein innerlicher Erfahrung wurde; denn so finden wir es in den Werken der großen Mystiker. Der zweitgenannte Aspekt der historischen Veränderung ist allgemein bekannt, zumindest in ihrer Gestalt der Religionsfreiheit. Was vorher als eine gottlose Auflehnung gegen die Autorität der Heiligen Kirche galt, wurde für das moderne Gewissen zur Stimme der Religion in ihrer höchsten Form. Die äußere Geschichte erinnert uns jedoch nur wenig an den erstgenannten Aspekt, der in Wirklichkeit ebenso deutlich zutage liegt. Denn mit der

Natur zu *experimentieren,* wie es die Menschen im 15., 16. und 17. Jahrhundert zu tun begannen, erschien in einer früheren Zeit, als der Mensch die Außenwelt noch als etwas Beseeltes erlebte, als etwas Gottloses. Zwar experimentierte auch der Alchemist, aber er tat dies - für das mittelalterliche Bewußtsein - entweder aus Frömmigkeit oder aus Gottlosigkeit: nicht aus der modernen Geisteshaltung heraus, die für den modernen Experimentator etwas Selbstverständliches ist. Man lasse sich die Radikalität dieser Veränderung nicht von Phrasen zerreden, die aus den großen Reden gepflückt werden, in denen die Wissenschaftler bei festlichen Anlässen zu schwelgen pflegen.

Es erübrigt sich zu sagen, daß diese Veränderung nicht mit einem Schlag geschah. Wie bei allen großen historischen Veränderungen war es dem Wesen nach etwas Plötzliches und Radikales, seiner Erscheinung nach jedoch etwas Allmähliches und Vielfältiges. *Natura facit saltus:* doch im Hürdenlauf der Evolution nehmen nicht alle Kinder der Natur sofort den gleichen Sprung. Die Geschichte der Wissenschaften im 17. und 18. Jahrhundert strotzt vor Beispielen. Die Materie wurde stufenweise entseelt. Manche erlebten es früher, andere später; einige mehr, andere weniger. Wir können es an den vielen Gedanken-Richtungen sehen, die in der Medizin und der Biologie, der Chemie und sogar in der Physik miteinander wetteiferten. Das Ende des 18. Jahrhunderts erlebte die Kulmination dieses Prozesses. Die Atome, Moleküle und kosmischen Körper, über welche die Wissenschaftler des 19. Jahrhunderts später ihre Gedankennetze weben sollten, waren harte und objektive, dem Menschen vollkommen äusserliche *Gegenstände.*

Unterdessen machte das innere Erleben auf dem Gebiete der geistigen moralischen Freiheit Fortschritte. Es bahnte sich seinen Weg aus dem religiösen Leben in die politische und soziale Sphäre hinein. Dann kam die Zeit der Französischen Revolution, mit allem, was ihr voranging, und allem, was ihr folgte. Das Fortschreiten der Wissenschaft zur rein objektiven, rein äußerlichen Ansicht von der Außenwelt (in welcher die Natur des Menschen als eines physischen Wesen natürlich eingeschlossen war) gaben dieser Bewegung ihr *Grundmotiv* und, wie wir hinzufügen möchten, ihren inneren Antrieb.

Heute tritt das 19. Jahrhundert mit großer Geschwindigkeit in die Vergangenheit zurück, die wir »Geschichte« nennen. Der wissenschaftliche Materialismus ist von der fortschreitenden Wissenschaft selbst überschritten worden. Die moralischen und religiösen Bewegungen, die die materialistische Wissenschaft begleiteten (der Puritanismus und der Protestantismus auf religiösem Gebiet, der Liberalismus und die soziale Revolution auf politischem Gebiet) haben ihre Tragkraft ebenfalls verloren. Innerhalb der neuen Phase der Naturwissenschaft und der Kosmologie konnten sich diese unmöglich aufrecht erhalten. Heute erklärt der Wissenschaftler selbst – aufgrund seiner Entdeckungen von untersinnlichen magnetischen Naturkräften, aus dem Materiezerfall sowie aus den Gedankenformen heraus, mit denen er diese Dinge zu erfassen sucht – , daß es so etwas wie Materie im alten Sinne des Wortes *überhaupt nicht* gibt. Die Materie, das Substrat der äußeren Natur, wurde zuerst entseelt; nun wird es in ein leeres Nichts verwandelt. Das Einzige, was in der Physik übrigbleibt, ist eine Welt von einfachen Gedankengebilden, mit denen nur die wenigsten und außerordentlich Begabten technisch umzugehen wissen.

Was sollen wir sagen, wenn wir auf die Anfänge der neuzeitlichen Wissenschaft zurückblicken, als das pure Destillat der religiösen Erfahrung des Mittelalters in den Aussprüchen der Mystiker zum Ausdruck kam? Wir können erahnen, daß wir heutzutage bei einem wesentlichen Problem angelangt sind. Im großen Prozeß, der vor fünfhundert Jahren begonnen hatte, ist es nun zu einer Krise gekommen. Es ist kaum ein Trost, wenn einem gesagt wird, man solle den Spitzfindigkeiten einer äußerst esoterischen mathematischen Wissenschaft den Rücken kehren und sich dem religiösen, dem dichterischen und dem innermenschlichen Erleben zuwenden. Niemand könnte darauf verfallen, dies als etwas Endgültiges anzusehen. Ganz im Gegenteil: wir müssen annehmen, daß da, wo uns gerade im Fortschreiten der Wissenschaft die materielle Grundlage der Natur weggenommen worden ist, etwas anderes an deren Stelle treten muß. Es kann nicht dabei bleiben, daß die Außenwelt bloß eine kalte und leere mathematische Gleichung sei und daß die einzige Wirklichkeit, die wir kennen, in der inneren Erfahrung bestehe, die etwas *Subjektives* ist. Falls es dabei bliebe, würden wir – anthroposophisch gesprochen – die Außenwelt (und damit auch unser eigenes materielles und wirtschaftliches Dasein) dem Bereiche Ahrimans, dem Geist der Dunkelheit und der Leere, zuweisen, während andererseits die Fülle, die wir dadurch zu erreichen strebten, daß wir uns zur religiösen und dichterischen Erfahrung nach innen wenden würden, nichts weiter wäre als luziferischer Hauch. Nein, wir müssen das Verbindungsglied suchen: wir müssen herausfinden, wie wir die tote materielle Realität, deren leeren Schein wir enthüllt haben, durch eine *wahrhafte Wirklichkeit* ersetzen können, deren Gewißheit wir durch innerliche geistige Mittel erlangen und die dennoch *objektiv* ist. Professor Eddingtons Bemerkungen sind sehr bedeutungsvoll; nur bleibt er auf halbem Wege stehen, weil er nicht weiß, daß es noch andere Arten der äußeren Natur-Erkenntnis gibt als diejenigen, welche die Wissenschaft bisher akzeptiert hat.

An diesem Punkt tritt die anthroposophische Geisteswissenschaft auf den Plan, und ohne sie ist ein Entkommen aus der Sackgasse, in der sich die moderne Kosmologie befindet, völlig undenkbar. Es wäre jedoch ein großer Fehler, die Anthroposophie als eine neue, gleichsam vom Himmel gefallene Lehre, als eine Art wissenschaftlichen *Deus ex machina* anzuschauen. Daß das keineswegs zutrifft, wird jedermann realisieren, der zum Beispiel R. Steiners eigene Darstellung seines Lebenswerks gelesen hat. Anthroposophie ist nur die Geburt dessen, womit der Zeitgeist schwanger war. Wir können ihre Anfänge auf die Zeit Goethes und der Romantiker zurückführen, obwohl das spätere 19. Jahrhundert eine Art Stillstand und Beruhigung des damals begonnenen Prozesses brachte. So war es Rudolf Steiner von allem Anfang an möglich, seine Erkenntnisse an die wissenschaftlichen Werke von Goethe und die Sozialphilosophie Schillers anzuknüpfen. Was er zu sagen hatte, ging aus dem wahren Geiste der Neuzeit hervor; der Keim dazu war unter anderem in den Werken dieser beiden Persönlichkeiten veranlagt.

Das erforderliche Verbindungsglied zwischen dem Inneren und dem Äußeren ist die *imaginative Erkenntnis*. Sie ist die Erkenntnisform, deren Realität Goethe in seiner »Metamorphose der Pflanzen« postuliert hatte. Goethe behauptete in bewußter Opposition zu Kant, daß im Menschen nicht nur eine diskursive, analytische, sondern auch eine schöpferische »archetypische« Intelligenz schlummere. Indem er auf diese Weise das wissenschaftliche Geburtsrecht der *Imagination* verkündete, drückte er nur dasjenige, was in der gesamten romantischen Bewegung um Ausdruck rang, bewußt und unerschrocken aus.

Neben der wissenschaftlichen Methode Goethes – beispielhaft vor allem in seiner »Metamorphose der Pflanzen« – bewegte noch ein anderer Entwicklungsstrom das 19. Jahrhundert, in dem der wahre schöpferische Prozeß des modernen Geistes am Werke war. Es war die Entwicklung neuer Aspekte in der *Wissenschaft vom Raume* selbst – das heißt in der Geometrie. Wie ich zu zeigen versuchen werde, war diese Entwicklung dazu bestimmt, jenem geistigen Verstehen der physikalischen Gesetze, zu dem die Anthroposophie hinführt, den Weg zu ebnen: Während des 19. Jahrhunderts ist das, was allgemein als die neue *synthetische Geometrie* oder *projektive Geometrie* bekannt ist (die beiden Ausdrücke sind praktisch, wenn nicht sogar theoretisch, mehr oder weniger synonym) entwickelt worden. Es ist beachtenswert, daß Rudolf Steiner, der Begründer der Anthroposophie, durch das ganze Leben hindurch zu dieser Geometrie als zu einer wirklich schöpferischen geistigen Leistung der modernen Zeit aufschaute. In seinen Wiener Studententagen fand er – eingeengt durch die vorherrschende materialistische Vorstellung des räumlichen Universums – unsagbare Erleichterung in diesem Zweige der reinen Mathematik, der neuen Richtung der Geometrie. So berichtet er uns in seiner Autobiographie: »Ein ausschlaggebendes Erlebnis kam mir damals geradezu von der mathematischen Seite. Die Vorstellung des Raumes bot mir die größten inneren Schwierigkeiten. Er ließ sich als das allseitig ins Unendliche laufende Leere, als das er den damals herrschenden naturwissenschaftlichen Theorien zugrunde lag, nicht in überschaubarer Art denken. Durch die neuere (synthetische) Geometrie, die ich durch Vorlesungen und im Privatstudium kennenlernte, trat vor meine Seele die Anschauung, daß eine Linie, die nach rechts in das Unendliche verlängert wird, von links wieder zu ihrem Ausgangspunkt zurückkommt. Der nach rechts liegende unendlich ferne Punkt ist derselbe wie der nach links liegende unendlich ferne.

Mir kam vor, daß man mit solchen Vorstellungen der neueren Geometrie den sonst in Leere starrenden Raum begrifflich erfassen könne. Die wie eine Kreislinie in sich selbst zurückkehrende gerade Linie empfand ich wie eine Offenbarung. Ich ging aus der Vorlesung, in der mir das zuerst vor die Seele getreten ist, hinweg, wie wenn eine Zentnerlast von mir gefallen wäre. Ein befreiendes Gefühl kam über mich. Wieder kam mir, wie in meinen ganz jungen Knabenjahren, von der Geometrie etwas Beglückendes«.[3]

Rudolf Steiner fand in der neuen Geometrie eine Idee des Raumes, mit der man geistig zu leben vermochte. Das ging nicht mit der alten Vorstellung, für die der Raum eine leere Kiste war, die sich auf abstrakte und unbegreifliche Weise ins Unendliche ausdehnt und mit leblosen materiellen Gegenständen angefüllt ist.

Diese neue Richtung innerhalb der Geometrie ist im 19. Jahrhundert von den reinen Mathematikern ausgebildet worden, gleichzeitig mit der Entwicklung der materialistischen Wissenschaft und weitgehend unabhängig von dieser. Die Physiker, die mit Hilfe der alten starren Raum-Vorstellung ihre Atom- und Schwingungstheorien weiterführten, schenkten den neuen Formen des räumlichen Denkens, die von ihren mathematischen Kollegen geschaffen wurden, nur wenig Beachtung. Sie arbeiteten in ziemlich naiver Weise im alten kartesianischen Rahmen weiter und kümmerten sich kaum um tieferschürfende Fragen, – etwa, was geschieht, wenn man in beliebiger Richtung räumlich immer weiter und weiter bis ins Unendliche hinausgeht.

Ein paar Worte über die Geschichte der neuen Geometrie sind hier vielleicht nicht fehl am Platz. (»Neu« ist ein relativer Ausdruck, denn die wesentlichsten Entwicklungen erfolgten vor rund hundert Jahren.) Sie entstand – eine sehr bedeutsame Tatsache – aus der Wissenschaft der Perspektive heraus. Die Architekten, Maler und Bildhauer der Renaissance-Zeit waren zu einem neuen Erleben der Raumeswelt gekommen. Es war natürlich das Erlebnis des erwachten menschlichen Ich, das voll und kräftig in eine individuelle und objektive Beziehung zur Umgebung trat. Die Künstler spürten das Bedürfnis, die »objektiven« Gesetze des perspektivischen Sehens zu erfassen. So entstand die Wissenschaft der Perspektive aus den inneren Bedürfnissen von Künstlern und weitgehend durch diese selbst. Wir brauchen zum Beispiel nur Leonardo da Vinci und Albrecht Dürer zu erwähnen. Im Laufe des 17. und des 18. Jahrhunderts entwickelte sich die Theorie der Perspektive allmählich zu einer Wissenschaft vom Raum.Das heißt, ihre Entwicklung löste sich von ihren technischen und künstlerischen Anwendungen. *Girard Desargues* war der große französische Geometer des 17. Jahrhunderts, der in dieser Entwicklung tonangebend war, obwohl sein Werk erst etwa zweihundert Jahre später voll gewürdigt wurde. Erst im frühen 19. Jahrhundert erfuhr dann diese neue Wissenschafts-Richtung einen raschen Aufschwung. Es wäre ein aufregendes Thema, den Leben und Schicksalen jener Menschen nachzugehen, die etwas mit dieser Sache zu tun hatten, doch wir müssen uns hier mit der bloßen Erwähnung von ein paar wenigen Namen und Ereignissen begnügen. Im Jahre 1812 geriet *Henri Poncelet (1789-1867)*, ein junger Offizier der napoleonischen Armee in russische Gefangenschaft und wurde zwei Jahre lang in Saratov an der Wolga interniert. Er war in der berühmten Schule von *Monge* ausgebildet worden, der an der Ecole Polytechnique die praktischen Methoden der »Deskriptiven Geometrie« entwickelt hatte, welche von Bauzeichnern, Architekten usw. bis auf den heutigen Tag verwendet werden. Poncelet füllte seine Zwangs-Freizeit damit aus, daß er das ausbildete, was wir eine reine Wissenschaft der *räumlichen Metamorphosen* nennen können, wobei er zeigt, wie viele verschiedene geometrische Formen und Wahrheiten durch Metamorphosen zusammenhängen, die denen gleichen, die wir im Alltag erleben, wenn wir die Dinge perspektivisch sehen. Um ein einfaches Beispiel zu nehmen: ein Kreis erscheint perspektivisch gesehen als eine Ellipse. Falls dem Kreis irgendeine geo-

30

metrische Figur, sagen wir ein Dreieck oder ein Quadrat, eingeschrieben wird, so wird auch die der Ellipse eingeschriebene Figur in entsprechender Metamorphose erscheinen. Denn zu jeder geometrischen Wahrheit, die für die Figur im Verhältnis zum Kreis gilt, wird es eine entsprechende Wahrheit bezüglich der Ellipse geben. Die grundlegendsten Wahrheiten der Geometrie sind jene, die beim Übergang von einer perspektivischen Metamorphose zur andern unverändert bleiben.[4] Sie machen die sogenannte »Projektive Geometrie« aus.

Auf Poncelets Werk folgte das von *Jakob Steiner* (1796-1863), einer der allerinteressantesten Gestalten in der gesamten Geschichte der Mathematik. Der Schweizer Bauernsohn aus Utzendorf bei Solothurn faßte mit 19 Jahren den Entschluß, zu studieren und Lehrer zu werden. Er kam an die Schule von Pestalozzi und bildete sich, als sich seine angeborenen Talente entfalteten, weitgehend ohne fremde Hilfe geometrisch und mathematisch aus. Sein wichtigstes Werk wurde um die Zeit von Goethes Tod im Jahre 1832 veröffentlicht. Es trägt den Titel:»Systematische Entwicklung der Abhängigkeit geometrischer Gestalten voneinander«. Zeitgenosse Jakob Steiners war ein anderer hervorragender Franzose: *Michel Chasles* (1793-1880), dessen Gedankenrichtung vor allem in England einen großen Einfluß hatte. Wie verschiedene andere schöpferische Mathematiker des letzten Jahrhunderts führte auch Chasles kein einseitiges bloßes Gelehrten-Dasein. Obwohl er bereits im frühen Alter von zwanzig Jahren auf dem Gebiet der Geometrie originelle Arbeit geleistet hatte, verbrachte er die folgenden zwanzig Jahre als Bankier und Geschäftsmann in Chartres, und erst im Alter von vierundvierzig Jahren kehrte er wieder zum wissenschaftlichen Leben, zur Ecole Polytechnique und zur Sorbonne in Paris, zurück.

Die neue Schule der Geometrie entwickelte sich zu ihrer heutigen Form durch die Werke dieser und anderer Forscher, unter welchen die deutschen Ferdinand *Möbius* (1790-1868), Julius *Plücker* (1801-1868), Christian von *Staudt* (1798-1868) und Felix *Klein* (1849-1925) sowie die großen englischen Mathematiker Arthur *Cayley* (1821-1895) und J.J. *Sylvester* (1814-1897) zu den bedeutendsten gehören. Cayley verdanken wir die Gedanken, die dazu fähig sind – wenn sie im Lichte der Anthroposophie gesehen werden – , auf eine neue und spirituelle Auffassung des räumlichen Universums äußerst befruchtend zu wirken. Auch er wurde, wie Poncelet, vom Schicksal in die Ebenen Rußlands verschlagen: Cayley wurde im Jahre 1821 in Richmond geboren und verbrachte Kindheit und Jugend in Petersburg, wo sein Vater geschäftlich tätig war; dann kehrte er nach England zurück und studierte in Cambridge Mathematik; er schloß mit hoher Auszeichnung ab. Wie Chasles widmete auch er sich nicht ausschließlich akademischen Zielen. Während zwanzig Jahren arbeitete er als Anwalt in London und reichte in dieser Zeit der Royal Society seine epochemachenden mathematischen Essays ein. Während der letzten dreißig Lebensjahre war er Professor für Mathematik an der Universität von Cambridge, wo er einen weitreichenden Einfluß ausübte. A.N. Whitehead, der hervorragende Philosoph der Mathematik und der Wissenschaft, ist weitgehend sein Schüler.

Was ist das Wesen der neuen Wissenschaft vom Raum? Es handelt sich nicht – wie mancher, der die populären Bücher über die junge Relativitätstheorie gelesen hat, sich vielleicht vorstellen mag – um bloße müßige Spekulationen darüber, ob der Raum geradlinig oder gekrümmt, vier- oder fünfdimensional sei oder irgendwie abweiche von dem, was er für unsere unmittelbare Erkenntnis und unser inneres Sehvermögen ist. So wie mit diesen Spekulationen heute umgegangen wird, sind sie vielfach dazu geeignet, vom Licht des Erkennens weg und in einen Bereich der dunklen Ahnungen und chaotischen Phantasien hineinzuführen. –Die synthetische Geometrie geht wie jede wahre Wissenschaft von demjenigen aus, was wir aus der einfachen menschlichen Erfahrung wissen, ob es sich nun, wie in diesem Falle, um die innere Erfahrung der reinen Gedankenformen oder um die Erfahrung von äußeren Gegenständen handelt. Sie weicht nicht unbedingt vom Raum ab, wie wir ihn kennen und der im allgemeinen euklidischer Raum genannt wird. Doch die synthetische Geometrie offenbart diesen Raum auf neue Weise. Die synthetische Geometrie, die historisch vom Erleben der Perspektive ausgegangen ist, arbeitet von vornherein gleichsam in einem reinen Licht-Bereich – nicht mit materiellen, starren Maßen, sondern in einer Sphäre strahlender Verwandlungen. Im Gegensatz zur analytischen Geometrie von Descartes, mit der die materialistische Physik des letzten Jahrhunderts fast ausschließlich gearbeitet hat, befreit sie sich   vom fixen Rahmen der rechtwinkligen Achsen und der Idee eines starren Maßes. Sie betont zunächst nicht den *Tast-Raum,* in dem wir uns mit unseren Gliedmaßen und unserem Skelett, d.h. mit demjenigen Teil an uns, der physisch fast tot ist, umherbewegen, sondern den *Seh-Raum,* dasjenige, was zu unseren Augen gehört, deren Ursprung sonnenhaft und deren Funktion ätherisch ist. Kurz gesagt, der Seh-Raum weicht von den Bedingungen ab, die die Existenz der materiellen und festen Körper bestimmen. Zum Beispiel erscheint unserem Blick ein rechteckiges Bild keineswegs rechteckig, es sei denn, wir stünden gerade direkt davor. Parallele Baumreihen erscheinen nicht parallel, wenn wir sie sehen; sie laufen in einem wirklichen Punkt im Horizont – dem sogenannten Fluchtpunkt – zusammen. Der Mensch hat tatsächlich zwei Möglichkeiten, die Welt des Raumes zu erfahren: er *sieht* sie, und er *betritt* sie. Das eine ist mehr mit dem ätherischen, himmlischen Aspekt, das andere mehr mit dem irdischen Aspekt verbunden. Der eine weist ihn mehr zum vorgeburtlichen Leben zurück, der andere ist eine Mahnung an den Tod. Deshalb ist das Kreuz, das Grundzeichen aller metrischen Geometrie, seit Jahrhunderten das Symbol des Todes und dessen, was sich anschließt. Der Mensch betritt die Erde, mißt seine irdische Wohnstatt, vermißt seine Güter und legt seine irdische Gestalt in ein ausgemessenes Grab. Alles Messen ist nichts anderes als eine Metamorphose des Betretens und Tastens.

Die gesamte moderne Physik und Kosmologie beruht ihrem inneren Geist nach auf der metrischen Geometrie. Dies ist ihr wahrer historischer Aspekt, denn der Beginn des 5. nachatlantischen Zeitalters war ein Abstieg der Menschheit in die Reiche des Todes. Doch während Physiker und Techniker auf dieser Grundlage die Wissenschaft und die Industrie entwickelten, wuchs, von den meisten Menschen unbemerkt, eine neue Gedankenart heran, die sich mit der eigentlichen Natur des Raumes befaßte. Diese Gedankenart bewegt sich in einem Reich des Lichts und der Metamorphose. Man lasse sich einsichtsvoll auf diesen Prozeß ein, und man wird von der neuen Geometrie in das vorgeburtliche Leben geführt werden. Sie lebt im schöpferischen Licht, aus welchem heraus die ätherischen und archetypischen Formen gebildet werden.

Es ist kein bloßer Zufall, sondern eine Offenbarung des verborgenen Zeit-Geistes, wenn z.B. Poncelets und Jakob Steiners Arbeiten in die Lebenszeit Goethes fallen, der mit seiner »Metamorphose der Pflanzen« die *Imagination* als wissenschaftliche Methode entwickelte. Goethe war ein sonnenhafter Geist. Sein Ätherleib war lebendig, sein Auge rein; sein ganzes Wesen war voller Licht. Er erfaßte intuitiv, wie das Wesen der Sonne in der Pflanze, aus den reinen Bereichen der Zeit heraus wirkend, in der Welt des Raumes einen Kosmos entstehen läßt. Er war imstande, eine Idee von innen heraus zu entfalten. Er machte sich von der Vorstellung einer Verkettung von äußeren Ursachen und Wirkungen los, die nur dem toten Aspekt des Mineralreichs entspricht. Die synthetische Geometrie arbeitet mit derselben (Goetheschen) Methode. Das kann an vielen Einzelheiten gezeigt werden. Die als »Projektion und Sektion«, als »Schein und Schnitt« bekannte Methode entspricht innerlich dem fundamentalen

Lebensgesetz der Pflanze, wie es Goethe gefunden hat: d.h. dem Wechsel der Zusammenziehung einer idealen Form in den winzigen Kern des Samens oder der Knospe und der Ausdehnung zur sichtbaren Blattoberfläche. Hier offenbart sich im wesentlichen dieselbe Polarität des Raumes, die als Punkt und Ebene oder Konus und Kurve[5] oder *Keim und Bild,* wie Rudolf Steiner es nennt, als fundamentales Gesetz des Raumes in der neuen Geometrie auftritt.

Wiederum ist es charakteristisch für die synthetische Geometrie, daß sie die geometrischen Formen und Gebilde nicht nach cartesianischer Weise einem willkürlichen äußeren Bezugsrahmen zuordnet, sondern ihre Qualitäten gleichsam aus ihrer eigenen Natur entwickelt. Dies wiederum entspricht dem Übergang von einer diskursiven äußeren, analytischen Behandlung der Natur zu einem imaginativen und intuitiven Erfassen ihrer lebendigen und sich entwickelnden Prozesse, wie es sich Goethe vorstellte. Es war vor allem dieser Aspekt, der Rudolf Steiner anzog. Er spricht davon zum Beispiel in einer eindrücklichen Passage, die wir aus einem seiner neueren Vorträge über die Beziehung der Anthroposophie zur Wissenschaft zitieren möchten:[6] »Ich wurde einmal – es machte einen bedeutenden Eindruck auf mich – mit sonderbaren Augen angeschaut, als ein älterer Schriftsteller, der viel über geistige Dinge geschrieben hat, mich zum ersten Mal sah und frug: Wie ist Ihnen denn am ersten bewußt geworden dieser Unterschied zwischen dem Schauen der Sinneswelt und dem Schauen der übersinnlichen Welt? Da sagte ich – weil ich am liebsten in solchen Dingen mich radikal ehrlich ausspreche –: in dem Moment, wo ich den inneren Sinn der sogenannten neueren oder synthetischen Geometrie kennengelernt habe.« »Also, wenn man von der analytischen zur synthetischen Geometrie übergeht, welche einem gestattet, nicht nur äußerlich an die Gebilde heranzukommen, sondern die Gebilde in ihren gegenseitigen Beziehungen zu erfassen, die also von Gebilden ausgeht und nicht von äußeren Koordinaten. Wenn wir Raumkoordinaten konstruieren, so haben wir nicht das Gebilde erfaßt, sondern nur die Enden der Koordinaten, und dann verbinden wir diese Enden und bekommen die Linien. Aber an das Gebilde kommen wir eigentlich mit der analytischen Geometrie nicht heran, während wir mit der synthetischen Geometrie darinnen leben in den Gebilden. Da bekommen wir die Anregung, jene Seelenverfassung zu studieren, die dann, weiter ausgebildet, dazu führt, in die übersinnliche Welt einzudringen.«

Die neue Geometrie zeigt mit voller Klarheit, sowohl durch ihre Methode als auch durch ihren Inhalt, daß der Raum selbst eine Schöpfung des »Lichts« ist, wenn wir den Ausdruck im Goetheschen Sinne und mit anthroposophischem Verständnis verwenden. Die Grundlagen der Geometrie beruhen nicht auf starren Formen und rechtwinkligen Bezugsrahmen, sie befinden sich in einem Reich *strahlender Metamorphosen* oder »projektiver Transformationen«, wie es im Gelehrten-Jargon heißt. Cayley drückt es in einem kurzen Satz aus: »Projektive Geometrie ist die *ganze* Geometrie«. Die geraden Linien oder Strahlen, die das konstante schöpferische Prinzip dieser Metamorphose darstellen, sind selbst eine Manifestation der *Geister der Form,* die im Licht-Äther wirken und den gesamten Erden-Raum mit einer kirstallenen Klarheit durchdringen. Ja, sogar die Gesetze der Kristallographie selbst[7] – es sind Gesetze, welche die Existenz sozusagen aller festen oder irdischen Materie bestimmen – sind ihrem Wesen nach nicht metrischer, sondern projektiver Natur.

Der Kristall kann seine Gestalt jedoch nicht verändern, außer innerhalb ganz enger Grenzen. Er befindet sich nicht mehr im Reich der freien Metamorphose; er ist sozusagen etwas »Ausgefrorenes«. Was wird denn nun zu diesen schöpferischen Gesetzen des Raumes hinzugefügt – Gesetzen, die die Freiheit und Beweglichkeit unseres perspektivischen Sehens enthalten, wenn wir eine bestimmte Form in unzähligen, dem jeweiligen Gesichtspunkt entsprechenden Gestalten betrachten – was kommt denn zu diesen Gesetzen dazu, um die Starrheit, die konstante Parallelität, die unveränderlichen Winkel des Felskristalles zu bestimmen? An dieser Stelle greift die Entdeckung von Cayley ein. Die Welt des Raumes, die aufgrund ihres eigenen Schöpfungsprinzips mit innerer Freiheit und Metamorphose durchtränkt ist, enthält auch eine Art kosmischer Wesenheit, welche die Eigenschaften der Parallelität und der Rechtwinkligkeit bestimmen kann. Cayley beschreibt diese »kosmische Wesenheit« mit einem einfachen und in seiner Angemessenheit schönen Ausdruck: er nennt sie *das Absolute.* Für unseren euklidischen Raum weist diese Wesenheit einen Doppelaspekt auf: das Absolute erscheint als unendliche Ebene oder Ebene in der Unendlichkeit einerseits und innerhalb dieser Ebene als eine stets bewegliche Form andererseits, wie sie von den Mathematikern als »imaginärer Kreis« beschrieben wird. Die »Ebene in der Unendlichkeit« ist sozusagen die Flucht-Ebene alles Räumlichen. Sie bestimmt das Phänomen der Parallelität. Parallele Geraden sind jene, die sich in einem Punkt in der Unendlichkeit schneiden, d.h. in einem Punkt dieser einzigen Ebene. Der »imaginäre Kreis in der Unendlichkeit« bestimmt durch den ganzen Raum hindurch die Erscheinung der Rechtwinkligkeit.

Die »Ebene in der Unendlichkeit« der modernen Geometrie entspricht

35

dem, was die anthroposophische Naturwissenschaft als »Welten-Peripherie« bezeichnet; es ist die Quelle aller ätherischen Kräfte, die Quelle, aus der sich der Bilde- oder Ätherleib des Kristall-Minerals zentripetal in unseren irdischen Raum hineinarbeitet.[8] Die moderne Geometrie, die Geistesforschungen Rudolf Steiners und die experimentellen Tatsachen der Kristallographie entsprechen einander auf klarste Weise. Dadurch ist das Fundament zu einem neuen Erfassen der physikalischen Gesetze gelegt: »Materie ist gewobenes Licht.«

Die Quelle, die Ursache und der Archetyp alles physischen Daseins ist nicht in einem Reich dunkler, schwingender Atome, sondern in der Totalität des sonnenerschaffenen Raumes zu finden. Die Ebene in der Unendlichkeit blieb solange eine mathematische Fiktion, als die Menschen nicht bereit waren, neben dem irdisch-physischen Aspekt der Natur ebenso auch den ätherisch-himmlischen in Betracht zu ziehen. Das braucht nicht mehr so zu sein. Die »Ebene in der Unendlichkeit« des reinen Mathematikers und das Phänomen des blauen Himmels, in dem sich die Gegenwart der ätherischen Peripherie vor den Augen aller Menschen offenbart, können in ihrer wesenhaften Verwandtschaft erkannt werden. Das moderne Bewußtsein wird auf neue Weise wiederum verstehen lernen, was man in der Kosmologie früherer Epochen als »Kristall-Sphäre« erlebte.

Während die Ebene in der Unendlichkeit – der eine Aspekt des kosmischen Raum-»Absoluten« – mit dem Ätherischen, der »Welten-Peripherie« der neuen Naturwissenschaft in Verbindung gebracht wird, so zeigt der andere Aspekt – er bestimmt das Phänomen des Kreuzes oder des rechten Winkels –, wie bei der Raum-Bildung ein astralisches Prinzip am Werk ist. Es ist das Prinzip, durch welches das materielle Dasein noch tiefer in die Erstarrung gerät. Es ist das Kreuz, durch welches die ganze Schöpfung in den Bereichen der Materie »bis zur Stunde seufzt und in Wehen liegt«.[9]

Je tiefer wir in die Gedanken-Formen der neuen Geometrie eindringen, umso mehr sehen wir in ihnen die Signatur des schöpferischen Gedankens derjenigen Wesen, welche die Geisteswissenschaft als die Sonnen-Schöpfer der räumlichen Welt erkennt. Es sind die *Geister des Lichts,* d.h. die zweite Hierarchie oder die Geister der Weisheit, der Bewegung und der Form oder, in der paulinischen Sprache, die Kyriotetes, die Dynamis und die Exusiai. Für das 19. Jahrhundert war der Raum der finstere Schauplatz eines Existenz-, eines rücksichtslosen Konkurrenzkampfes – ein Nebeneinander im Zeichen von Egoismus, Angst und Haß. Anthroposophisch beleuchtet, ermöglicht uns die neue Geometrie, in den göttlichen

Schöpfergedanken des Raumes das genaue Gegenteil davon zu erkennen. Raum ist seinem Ursprung und seinem Wesen nach das Reich der Brüderlichkeit; er ist ein Nebeneinander in Gemeinschaft. So beschrieb ihn Rudolf Steiner in einem frühen Stadium seines Lebenswerkes, in seinem Essay über den Goetheschen Raumbegriff.[10]

»Da nur bei einer mit der Goetheschen ganz zusammenfallenden Anschauung vom *Raum* ein volles Verständnis seiner physikalischen Arbeiten möglich ist, so wollen wir hier dieselbe entwickeln. Wer zu dieser Anschauung kommen will, der muß aus unseren bisherigen Ausführungen folgende Überzeugung gewonnen haben: 1. Die Dinge, die uns in der Erfahrung als einzelne gegenübertreten, haben einen inneren Bezug aufeinander. Sie sind in Wahrheit durch ein einheitliches Weltenband zusammengehalten. Es lebt in ihnen allen *ein* gemeinsames Prinzip. 2. Wenn unser Geist an die Dinge herantritt und das Getrennte durch ein geistiges Band zu umfassen strebt, so ist die begriffliche Einheit, die er herstellt, den Objekten nicht äußerlich, sondern sie ist herausgeholt aus der inneren Wesenheit der Natur selbst. Die menschliche Erkenntnis ist kein außer den Dingen sich abspielender, aus bloßer subjektiver Willkür entspringender Prozeß; sondern, was da in unserem Geist als Naturgesetz auftritt, was sich in unserer Seele auslebt, das ist der Herzschlag des Universums selbst . . .

Was unser Geist will, wenn er an die Erfahrung herantritt, das ist: er will die Sonderheit überwinden, er will aufzeigen, daß in dem Einzelnen die Kraft des Ganzen zu sehen ist. Bei der räumlichen Anschauung will er sonst gar nichts überwinden als die Besonderheit als solche. Er will die *allerallgemeinste Beziehung* herstellen. Daß A und B jeweils nicht eine Welt für sich sind, sondern einer Gemeinsamkeit angehören, das sagt die räumliche Betrachtung. Dies ist der Sinn des *Nebeneinander*. Wäre ein jedes Ding ein Wesen für sich, so gäbe es kein *Nebeneinander* . . .«

Das Studium der Gesetze des Raumes offenbart die Formen dieser Gemeinschaft – dieser allgemeinsten von allen Beziehungen – welche das Nebeneinander der Dinge in einer gottgeschaffenen Welt konstituieren. Durch ein solches Studium erkennen wir in den Formen des Raums das Werk der zweiten Hierarchie oder, vom Gesichtspunkt der esoterischen christlichen Wissenschaft her gesehen, das Werk des göttlichen Sohnes. Nicht eine sentimentale Reflexion, sondern ein exaktes Studium der Gesetze des Raumes bestätigt diese Aussage bis ins einzelne. Auf jeder Stufe des neuen geometrischen Systems finden wir die Signatur der Sonnen-Geister des Lichts, die ein Reich erschaffen, in dem als die Geschöpfe eines göttlichen Beistands, der sie alle erhält, Wesen in Freiheit und Brüderlichkeit zusammenleben können. – Man nehme beispielsweise das Cayleysche »Absolute«. Die Ebene in der Unendlichkeit ist ihrem Wesen nach von keiner anderen Ebene unterschieden; in unserem perspektivischen Sehen projizieren wir sie fortwährend in eine »Fluchtebene«, die wie in einer endlichen Distanz erscheint. Doch in ihr liegen die Quellen allen physischen Daseins. Jeder einzelne Kristall hat in dieser Ebene seine archetypische Gestalt – gleichsam seine aus sternartigen Punkten bestehende Konstellation, aus der die Strahlen des gestaltenden Lichts hervorgehen, welche ihm in dieser Welt seine Form geben und ihn erhalten – im Mittelpunkt des Raumes stehend.[11] Jede Pflanze absorbiert aus ihr die Ätherkräfte, mit welchen sie zur Erhaltung des Lebens auf der Erde Nährsubstanz aufbaut. Im Lichte der Mathematik und der Natur betrachtet, ist der blaue Himmel über uns tatsächlich wie das ausgedehnte Auge Gottes. Die moderne Geometrie entdeckt, daß *die Götter die Welt nach denselben Gesetzen der Strahlungsperspektive erschaffen, durch welche sie das menschliche Auge betrachtet.*

Das Auge des Neugeborenen ist blau: die Natur offenbart ihr Geheimnis! Wir verstehen die Schönheit, die gesundende Kraft, die jeder Mensch bei einer perspektivischen Betrachtung der Raumesfernen empfinden kann. Wie düster die Szenerie in ihren irdischen Einzelheiten auch sein mag, die perspektivische Betrachtung verleiht ihr immer Schönheit.

Dies sind nur Fragmente aus einer Wahrnehmung, die mit zunehmender Fülle entsteht, wenn wir die neue Geometrie ernst nehmen und sie mit der Geisteswissenschaft vereinen: zu einem Schlüssel für das spirituelle Verständnis der äußeren Natur. Nicht dadurch, daß wir uns vom wissenschaftlichen Detail abwenden, sondern gerade indem wir uns noch tiefer darauf einlassen, lernen wir erkennen, daß alle Formen der Natur im räumlichen Universum eine Schöpfung des *Welten-Lichts*, eines göttlichen Wesens, einer Hierarchie von Wesen sind, deren Schöpfergedanken uns, wenn wir sie entwickeln, ihre Verwandschaft mit dem reinsten Wesen in uns selbst enthüllen. Das *Ich,* der göttliche Wesensfunke, den wir mitten in der Wirrnis unserer Schicksale und unserer Irrtümer in uns wissen, ist eins mit dem Licht der Welt, dessen Herrlichkeit sich in allem, was existiert, offenbart – in Stein und Pflanze und Tier, in Wolke und Stern. Gerade so wie jeder von uns von seinem körperhaften Ego-Aspekt aus im irdischen Leben seine eigene Perspektive besitzt und die Ganzheit des Raumes von seinem eigenen Zentrum aus betrachtet, so erhält uns das göttliche Licht der Welt aus der umfangenden Vaterschaft heraus, die ihr Zentrum, von der Erde aus gesehen, nicht in einem Punkt, sondern in der rundlichen Ebene hat, welche auf allen Seiten über alle Grenzen des Raumes hinausreicht.

Wenn uns also der Fortschritt der Wissenschaft die tote Realität der Materie genommen hat, so hat sie uns gleichzeitig zum Punkt geführt, wo wir erkennen können, daß die wirkliche Essenz des äußeren Universums, die wir verloren und wiedergefunden haben, seinem Ursprung nach das Licht der Welt ist – substantiell eins mit dem göttlichen Wesensfunken, den wir in uns wahrnehmen, wenn wir in wahrhaftem Bewußtsein sagen: *Ich bin.* Darin liegt die innere Bedeutung des gegenwärtigen Augenblicks in der Geschichte der Physik. Unsere Zeit nähert sich tatsächlich der Erfüllung jener geistigen Bestrebungen, die bewußt oder unbewußt, in den Pionieren lebten, die sich zu Beginn der Neuzeit auf die Pfade der objektiven, experimentellen, mathematisierenden Wissenschaft begaben. Das ist auch die Botschaft, die wir Rudolf Steiners lichterfülltem Geist verdanken, und es ist vielleicht angebracht, diesen Essay mit seinen Worten zu schließen, mit denen er uns ermutigte zum »Schauen des Embryonallebens einer neuen Geistigkeit in der Hülle naturwissenschaftlicher Vorstellungsarten«. Denn wie er in seinem letzten Weihnachts-Vortragskurs innerhalb der Wände des alten Goetheanums hinzufügte, trägt »der Weg, den die neuere Menschheit gegangen ist, ... richtig angesehen, den Keim einer neuen Geisterkenntnis und einer neuen geistigen Willenstätigkeit in sich ...« Es liegt an uns, »aus der fruchtbaren naturwissenschaftlichen Forschungsart unserer Zeit Keime zu einem erneuerten Geistesleben zu finden«.[12]

Goethes Idee von Licht und Finsternis
und die Wissenschaft der Zukunft

Werner Heisenberg hat darauf hingewiesen, daß Goethe in seiner Polemik gegen Newton in Wirklichkeit nicht nur Newtons Farbenlehre oder die Spektralanalyse des weißen Lichts, sondern die gesamte Grundtendenz der modernen Physik bekämpfte. Es war ein historischer Konflikt im großen Maßstab, an den man sich in der Zukunft mehr erinnern wird, als das heute der Fall ist. Wenn wir den bisher unausgeloteten Wert der wissenschaftlichen Ansichten Goethes zu schätzen wissen, so werden wir auch die hergebrachte Denkweise nicht um ihre fortwährenden Triumphe beneiden. Die dahinter verborgene Frage tritt nun allmählich in einem umfassenderen und mehr menschlichen Rahmen hervor.

Die heutige Physik, deren Einseitigkeit von Eddington und anderen Schriftstellern ja unvoreingenommen genug beschrieben worden ist, bedroht die Menschheit nicht nur mit dem politischen Mißbrauch ihrer Erfindungen, sondern auch mit ihrem Einfluß auf das gesamte Gleichgewicht unseres Lebens und Denkens. Bis vor etwa hundert Jahren war das jugendliche Bedürfnis des westlichen Menschen nach Wissenschaft von seinem tiefen unbewußten Vertrauen in seine eigenen Erkenntnisfähigkeiten getragen. Dieses Vertrauen hatte seine Wurzeln im religiösen Erbe Europas, und es stützte die Rationalisten und Agnostiker nicht in geringerem Maße als die ausgesprochen gläubigen Menschen. In unserer Zeit ist dieses Vertrauen weitgehend geschwunden. Das Denken wird schwer verständlich und formal; kalte und unpersönliche Fachausdrücke werden vorherrschend.

Sind wir über den groben wissenschaftlichen Materialismus des 18. und 19. Jahrhunderts hinausgekommen, so haben wir damit zugleich auch die selbstbewußte Sicherheit des Denkens verloren, die in der klassischen Tradition sozusagen als unbewußtes Erbe aus göttlichen Quellen übernommen wurde. Ein Philosoph des 20. Jahrhunderts würde nicht mehr mit derselben Selbstsicherheit verkünden: »ich denke, also bin ich.« Und es gibt keine noch so epochemachende Entdeckung oder Theorie, die aus sich selbst heraus diesen Verlust wiedergutmachen würde. Der ursprüngliche und unbedingte Enthusiasmus läßt sich nur auf eine Weise wiederherstellen: der Mensch muß als Wissenschaftler seine eigenen Erkenntnisfähigkeiten in den Bereich seiner Forschung rücken – nicht etwa im Sinne mystischer Introspektion oder abstrakter Erkenntnistheorie, sondern im Sinne einer umfassenden Wissenschaft vom Menschen, wie sie durch die Entwicklung der neueren Zeit ermöglicht wurde. Dies ist der Weg, den Rudolf Steiner, der von einem tiefdringenden Studium der wissenschaftlichen Schriften Goethes ausging, in der späteren, anthroposophischen Phase seines Lebenswerks erweitern konnte.

Betrachten wir z.B. die mathematischen Fähigkeiten, mit denen wir die Idee des dreidimensionalen Raums erfassen. Diese Fähigkeiten verdanken wir der aufrechten Haltung und der klaren Dreidimensionalität unseres eigenen Körpers. Die schöpferischen Kräfte des weiten räumlichen Universums haben den menschlichen Körper auf eine solche Weise gebildet, daß der ihm innewohnende Geist in der Lage ist, die raum-schaffenden Ideen zu betrachten und alle jene Dinge im Weltall zu verstehen, die zum Kristall- und Mineralreich gehören. Diese Tatsache geht aus vielen Einzelheiten hervor: aus der vergleichenden Anatomie und Bewegungslehre von Tier und Mensch, aus der menschlichen Embryonalentwicklung und dem stufenweisen Erreichen der aufrechten Haltung in der frühen Kindheit, aus Struktur und Funktion des Gleichgewichtsorgans im Innenohr sowie aus unserem Wissen von inneren leiblichen Sinnen wie dem Gleichgewichtssinn und dem Eigenbewegungssinn. Zusammen mit einem *modernen* Verständnis der euklidischen Geometrie lassen solche wissenschaftlichen Belege erkennen, daß der Mensch aufgrund seiner ganzen körperlichen und geistigen Konstitution mit den schöpferischen Ideen, die das räumliche Universum bilden, in einer solchen Harmonie lebt, daß er sie unbewußt erfassen kann.

In ähnlicher Weise werden wir herausfinden, daß alle unsere Erkenntnisfähigkeiten aus dem bis ins einzelne bestimmten Zusammenhang von Mensch und Universum hervorgehen. Die mathematische Naturauffassung ist nicht die einzige; wir können über die Beschränktheit dieser wissenschaftlichen Methode hinausgelangen. Im Gewebe des Weltalls sind viele Reiche der Weisheit miteinander verwoben, und es besteht kein Grund zur Annahme, der Mensch habe nur zu einem einzigen von ihnen Zugang.

Das Wachstum der mathematischen Wissenschaft in den letzten hundert oder zweihundert Jahren bezeugt diese Vielfalt der Welt sogar selbst; die innere Logik der Welt ist keine Einbahnstraße. Wir möchten hier etwas näher auf ein herausragendes Beispiel eingehen, die moderne »projektive« Schule der Geometrie und das neue Licht, das sie auf die eigentliche

42

Struktur des Raumes wirft. Auf diesem Wege wird, wie wir glauben, Goethes intuitive Wahrnehmung, sowohl wie sie in der »Farbenlehre« als auch in der »Metamorphose der Pflanzen« auftritt, nicht nur ihre Rechtfertigung finden, sondern für weitreichende wissenschaftliche Entwicklungen der nahen Zukunft einen Ausgangspunkt bieten.

Für das normale Bewußtsein besteht kein Zweifel darüber, daß der *Punkt* das letzte und unteilbare Element des Raumes ist. So werden in der Geometrie alle übrigen Formen – Geraden, Ebenen, Oberflächen etc. –zunächst als Ansammlungen von Punkten bestimmt. Unsere atomistische Naturauffassung ist eine mehr äußere und realistischere Spielart dieser geometrischen Raumvorstellung, wie sie in den euklidischen Axiomen tatsächlich verkörpert ist. Die moderne Geometrie hat in dieser Beziehung einen großen Fortschritt gemacht, und obwohl sie noch nicht in unsere Auffassung der Natur einfließen konnte, verspricht sie, dies in naher Zukunft nachzuholen, besonders auf denjenigen Forschungsgebieten, die durch Rudolf Steiners Werk erweitert worden sind.

Die projektive Geometrie hat in der Tat entdeckt, daß die ideale Struktur des dreidimensionalen Raums nicht einseitig allein aus dem Punkt, sondern von zwei gegensätzlichen Entitäten, aus *Punkt* und *Ebene,* hervorgeht. Diese beiden Elemente spielen in der fundamentalen Struktur eine völlig gleichwertige Rolle. Ein einfaches Beispiel soll die räumliche Bedeutung und die gegenseitige Polarität von Punkt und Ebene illustrieren. Man stelle sich eine kugelförmige Oberfläche vor, die sich ausdehnt und zusammenzieht; im einen Extrem zieht sie sich zum Mittelpunkt zusammen, im andern dehnt sich zu einer Ebene aus, die in den unendlichen Fernen des Raumes verschwindet. Wir sagen »Ebene« statt »unendlich große Kugel«, denn die Kugel wird bei zunehmender Ausdehnung immer flacher, und wenn der Radius unendlich groß ist, wird die Krümmung notwendigerweise völlig verschwinden; dann hat sich die Kugel in eine Ebene verwandelt. So ist der Raum sozusagen von einer unendlich weit entfernten Ebene begrenzt; da die dort herrschenden Maße jedoch immer noch sphärischen Charakter haben, können wir diese eine »unendliche Ebene« auch als »unendliche Kugel« oder als äußerste »Peripherie« des Raumes bezeichnen.

Der Vorgang kann auch modifiziert werden, so daß die endliche Kugel, mit der wir beginnen und die sich *ex*zentrisch ausdehnt, in irgendeine beliebige Ebene, die durch den endlichen Raum geht, verwandelt wird. Damit ist die Polarität von Punkt und Ebene tatsächlich eine solche der Ausdehnung und Zusammenziehung, nicht nur quantitativ, sondern auch

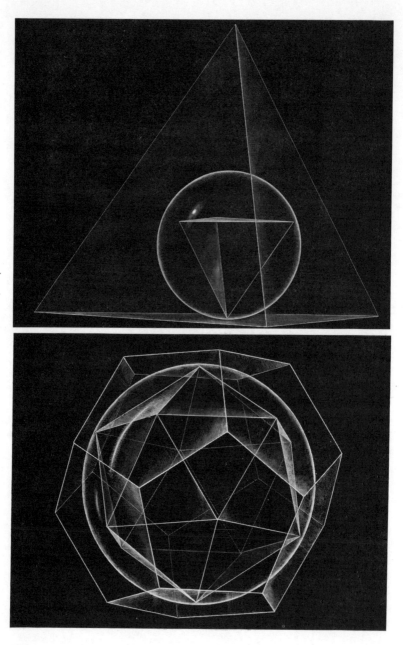

44

qualitativ genommen. In dieser Polarität spielt die Gerade die Rolle des Mittlers, da ihre formalen Beziehungen zu Punkt und Ebene nach beiden Seiten hin gleichwertig sind. Diese polare Gleichwertigkeit von Punkt und Ebene ist das wohlbekannte »Dualitäts-Prinzip« der projektiven Geometrie; man hätte es vielleicht besser »Polaritäts-Prinzip« genannt. In Wirklichkeit kommen nämlich nicht zwei, sondern drei fundamentale Entitäten in Betracht – Punkt, Gerade und Ebene (siehe Abb. S. 44).

Ich habe anderswo von der interessanten Geschichte dieser neuen Schule gesprochen[1]. Sie wurde zur Hauptsache im 19. Jahrhundert entdeckt und entwickelt und machte auf diejenigen, die von ihrer Existenz erfuhren, keinen geringen Eindruck. Ich denke zum Beispiel an Wordsworth und Herbert Spencer. Auch Rudolf Steiner erlebte in seinen Studententagen eine außerordentliche Freude durch dasjenige, was ihm an dieser Denkweise über den Raum wie eine Art geistige Befreiung vorkam. In späteren Jahren betonte er öfters die Bedeutung dieser neuen Denkweise als eines Neubeginns, und zwar auch für die äußere Naturwissenschaft.

Von der neuen Geometrie werden besonders unsere Begriffe »Teil« und »Ganzes« tiefgehend verändert. Wir stellen uns z.B. die Ebene als aus unendlich vielen Punkten bestehend vor; nun lernen wir aber, uns einen Punkt umgekehrt als aus unendlich vielen Ebenen bestehend vorzustellen. Obwohl es in den Lehrbüchern nicht so radikal ausgedrückt wird, bedeuten die Denkprozesse der neuen Geometrie nichts Geringeres als das: Zwei polare Aspekte sind miteinander verwoben. Vom einen, für das physische Bewußtsein selbstverständlichen Aspekt aus betrachtet, sind die Punkte, die in einer Ebene liegen, die unendlich vielen Teile oder Glieder der Ebene, und diese ist das Ganze und größer als irgendwelche seiner Teile. Vom anderen Aspekt aus betrachtet ist – so paradox das zuerst auch erscheinen mag – der Punkt das Ganze, und die Ebenen, die durch ihn gehen, sind Teile oder Glieder des Punktes. Hier beginnen wir zu lernen, »das Extensive intensiv und das Intensive extensiv« vorzustellen, wie es R. Steiner einmal ausdrückte. Die Wissenschaft wird einen großen Schritt vorwärts tun, wenn wir das nicht nur in der abstrakten Mathematik, sondern auch in der Betrachtung der äußeren Natur lernen.

Der späte G.H. Hardy zählt in seinem »Mathematician's Apology«[2] die projektive Geometrie zu den wirklich bedeutsamen Zweigen der Mathematik, die keinen äußeren Nutzen haben. Obwohl wir uns Hardys idealistischer, nicht-utilitärer Betrachtungsweise anschließen, suchen wir das Heil der äußeren Wissenschaft eher in ihrer Annäherung an das reine mathematische Ideal, statt die Essenz reiner Mathematik in ihrem Losgelöstsein von allem äußeren Nutzen zu erblicken. Goethe hatte, obwohl er ein erklärter Nicht-Mathematiker war, eine sehr klare Vorstellung vom wahren Charakter der Mathematik und ihrem Verhältnis zur Naturwissenschaft als ganzer. Der Grund, weshalb eine so schöne und lichtvolle Wissenschaft wie die neue Geometrie verhältnismäßig selten angewandt wurde, ist in einer anderen Richtung zu suchen. Derjenige Bereich der Natur, in dem sie sich anwenden läßt, ist von der Wissenschaft eben noch kaum anerkannt. Es ist das Reich des »Ätherischen«, das Reich, aus dem alle Lebewesen – Pflanzen, Tier und Mensch –ihren Äther- oder Bildekräfte-Leib erhalten. (Ich gebrauche die Terminologie der modernen Geisteswissenschaft, die teilweise aus alten Traditionen stammt, von R. Steiner aber in wissenschaftlicher Weise erneuert wurde.)

Wenn wir einmal aus den vielen Einzelerklärungen erfahren, was der Begründer der modernen Geisteswissenschaft als das Ätherische bezeichnet, und wenn wir die Ausbildung vor allem eines morphologischen Denkens in die Hand nehmen, wie sie von einem imaginativen Studium der modernen Geometrie ermöglicht wird, so beginnen wir, die Naturreiche mit neu geöffneten Augen zu sehen. Die Natur ist in ihrer Struktur sogar in ihrem materiellen und sinnlich-wahrnehmbaren Aspekt nicht nur atomistisch. Das atomistische punktförmige Gewebe wird von etwas ganz Andersartigem durchzogen, was sich zum Atom verhält, wie in der Geometrie sich die Ebene zum Punkt verhält. Darin liegt für uns ein wesentlicher Schlüssel für die Morphologie des Lebens. Die atomistische Struktur gehört vor allem der anorganischen Welt an, obwohl sie selbst da nicht ausschließlich vorherrscht. Das schwere Gewicht und das undurchdringliche Gewebe der rein irdischen Materie werden von der dualen, physisch-ätherischen Struktur der Lebewesen, die, wie wir sehen werden, zur geometrischen Dualität von Punkt und Ebene analog ist, erleichtert und durchlichtet. Leben ist die gegenseitige Durchdringung der beiden Aspekte; Tod ihre Trennung. Wir gewinnen so eine fundamentale Vorstellung vom Wesen der lebenden Materie und dringen dadurch tiefer in ihre morphologische Vielfalt ein. Dies ist kein vager philosophischer Vitalismus.

Der atomistische Aspekt der Materie offenbart sich vor allem in den Kräften, die von der physikalischen Gravitations- und anderen »Feld-Theorien« klar genug beschrieben werden. Diese typisch physischen Kräfte können immer so vorgestellt werden, daß sie von Punkt-Zentren ausgehen, wie etwa den Gravitationszentren, den elektrischen und magnetischen Polen etc. Dementsprechend können wir sie als »zentrische

Kräfte« bezeichnen. Dagegen können die ätherischen Kräfte, die nach unserer Behauptung zum Ebenen-Aspekt des idealen Raums gehören, als »peripher« oder »kosmisch« bezeichnet werden. Ihr Auftreten im Reich des Lebendigen ist in den einleitenden Kapiteln des medizinischen Werkes, das Rudolf Steiner gegen Ende seines Lebens in Zusammenarbeit mit Ita Wegman verfaßt hat, prägnant dargestellt: »Die Beobachtung zeigt doch, daß die Lebenserscheinungen eine ganz andere Orientierung haben als die im Leblosen verlaufenden. Für die letzteren wird man sagen können: sie zeigen sich von Kräften beherrscht, die vom Wesen des Stoffes ausstrahlen, vom – relativen – Mittelpunkt nach der Peripherie hin. Die Lebenserscheinungen zeigen den Stoff von Kräften beherrscht, die von außen nach innen wirken, gegen den – relativen – Mittelpunkt zu... Nun hat ein jeglicher Erdenstoff und auch Erdenvorgang seine ausstrahlenden Kräfte von der Erde und in Gemeinschaft mit ihr... Kommt er zum Leben, so muß er aufhören, ein bloßer Erdenteil zu sein. Er tritt aus der Gemeinschaft mit der Erde heraus. Er wird einbezogen in die Kräfte, die vom Außerirdischen nach der Erde von allen Seiten einstrahlen. Sieht man einen Stoff oder einen Vorgang als Leben sich entfalten, so muß man sich vorstellen, er komme in den Bereich von anderen, die keinen Mittelpunkt, sondern einen Umkreis haben.«[3]

Wenn wir berücksichtigen, daß die Peripherie des Universums den Charakter einer unendlichen *Ebene* hat, dann müssen wir uns Kräfte vorstellen, die nicht von punktförmigen Zentren, sondern gerade umgekehrt von Entitäten mit Ebenen-Charakter ausgehen. Unter den vielen Erden-Punkten, die als Gravitationszentren wirken, gibt es einen einzigartigen und archetypischen Punkt – den Erdmittelpunkt. So gibt es auch unter den vielen Ebenen des Raumes eine archetypische, die »unendlich ferne Ebene«. Dies ist die Struktur des räumlichen Universums, dem auch die Erde angehört. Wenn solche ebenenhaften Entitäten existieren, die für Kräfte, die aus der Himmelsperipherie entspringen, empfänglich sind, so ist zu erwarten, daß sie aufwärts und auswärts streben, so wie physische Gravitationszentren zum Erdmittelpunkt hin abwärts gezogen werden.

Um aus der projektiven Geometrie die exakte Idee abzuleiten, die jener anderen Art von Raum entspricht, in welchem die ätherischen oder peripherischen Kräfte ihr Wirkungsfeld haben, ist jedoch noch ein weiterer Schritt erforderlich. Die projektive Geometrie führt nicht unmittelbar zum euklidischen Raum mit seinen starren Längen- und Winkelmaßen, sondern zu einem freieren und beweglicheren Raum, wissenschaftlich als der »projektive dreidimensionale Raum« bekannt, denn auch der projektive

Raum besitzt noch Dimensionalität. Aus diesem projektiven oder »archetypischen Raum«, wie wir ihn auch nennen können, wird der euklidische Raum gerade durch die Annahme abgeleitet, daß es eine ausgezeichnete Ebene gibt, nämlich die bereits erwähnte unendlich ferne Ebene. Innerhalb dieser Ebene müssen wir auch die Anwesenheit eines imaginären Kreises annehmen – gleichsam ein Echo zur reinen Kugelform. Es ist auf diesen imaginären Kreis zurückzuführen, daß die sphärische Trigonometrie in der mathematischen Astronomie eine so große Rolle spielt. Wie bereits erwähnt wurde, sind die in der unendlich fernen Ebene herrschenden Maße sphärischer Natur.

Die einzigartige »unendlich ferne« Ebene ist letzten Endes ein archetypisches, oder, um Goethes Ausdruck zu verwenden, ein *Urphänomen* des Raumes, den wir gewöhnlich erleben. Wenn wir die euklidische Geometrie vom projektiven Gesichtspunkt aus ableiten, dann müssen wir also diese Ebene in unsere Axiome aufnehmen. Da nun im »archetypischen Raum« vollkommene Polarität in bezug auf Punkt und Ebene herrscht, wird sich die Frage stellen: Warum sollte es nicht eine Art von Raum geben, der eine dem euklidischen Raum polar entgegengesetzte Spezialisierung darstellt, ein Raum also, der durch einen einzigen Punkt, der als »unendlich ferner« Punkt wirkt, bestimmt wird? Unsere Antwort lautet: Einen solchen Raum gibt es tatsächlich, aber er steht zu uns in einer solchen Beziehung, daß wir ihn im gewöhnlichen Bewußtsein nicht erfahren können. Ein derartiger Raum mit einem unendlich fernen Punkt (nicht im physischen Sinne unendlich weit entfernt, sondern unendlich fern *wirkend*) wird sich in der Tat als diejenige Art von Raum erweisen, in dem »ätherische Kräfte« wirksam sind, und wir werden seine Bilde-Tendenzen vor allem im Reich des Lebendigen zu suchen haben. [4]

In einem solchen Raum werden die Beziehungen von »Innerem und Äusserem« gegenüber dem euklidischen Raum gerade das Umgekehrte darstellen. Das Unendliche wird innen und nicht außen sein. Physische, im gewöhnlichen Raum freiwerdende Kräfte haben die Tendenz, sich in dem Maße, in dem sich ihre Wirkung bis zur Peripherie erstreckt, allmählich zu verlieren; dagegen werden die Kräfte dieser Art von Gegenraum oder negativem Raum die Tendenz aufweisen, sich bei ihrer Annäherung an den Mittelpunkt zu verlieren. Wir müssen uns Kräfte vorstellen, die nicht von Zentren, sondern von Peripherien – im Idealfall von ebenen Entitäten – ausgehen und sich im Verlauf ihrer Annäherung an den ausgezeichneten »unendlichen Punkt« des Raumes, in dem sie wirken, allmählich verausgaben. Es werden vielmehr Sog- als Druckkräfte, Levitations-

als Gravitationskräfte sein. Wir könnten sie auch als Kräfte des aktiven Auftriebs bezeichnen.

Es wird eine Unzahl von solchen »ätherischen Räumen« geben, deren gestaltende Aktivitäten in den Lebensvorgängen entstehen und wieder verschwinden; konkret ausgedrückt, ein Ätherraum wird überall dort, wo etwas von der Art eines Samens oder eines keimenden Mittelpunktes vorhanden ist, seine »innere Unendlichkeit« haben. Samen sind winzige, punktförmige Entitäten. Schon der Begriff »Same« läßt an einen Punkt denken, und in geringerem Maße trifft das überall zu, wo eine Zusammenziehung von Keimkraft auftritt, wie in der Knospe oder dem Scheitel einer Pflanze und letzten Endes auch in jeder lebendigen Zelle.

Die Polaritäten des Raums greifen ineinander über; Punkt und Ebene vertauschen ihre Rollen in mehr als nur einer Beziehung. Die konkreten Gegenstände des physischen Raumes sind immer um einen Mittelpunkt zentrierte Körper; sie besitzen ihre Gravitationszentren etc., von welchen potentielle Kräfte ausstrahlen. Doch die Bildung dieses Raumes ist von einer einzigen Ebene bestimmt – der unendlichen, allumfassenden Kugel. In den ätherischen Räumen dagegen werden die wirklichen Entitäten, die Kraft- und Aktivitätsquellen, einen peripherischen oder ebenenhaften Charakter haben, während die Bildung eines solchen Raums als ganzem immer von einem einzigen »unendlichen Punkt« bestimmt wird.

Diese Vorstellung ermöglicht uns einen exakten mathematischen Zugang zum geisteswissenschaftlichen Begriff der Ätherkräfte, wie ihn Rudolf Steiner entwickelte. Tatsächlich sagte er von ihnen, daß sie in einer solchen Weise wirken: »Würde ich den Raum, von dem ich gestern gesprochen habe, anzudeuten haben mit den drei aufeinander senkrecht stehenden Linien, so müßte ich diesen Raum so andeuten, daß ich überall solche Konfigurationen zeichne, wie wenn Kräfte in Flächen sich von allen Seiten des Weltenalls der Erde näherten und von außen her plastisch wirkten an den Gebilden, welche auf der Erdoberfläche sind.« »Wir können, fährt er fort, die Ätherkräfte oder den Ätherleib des Menschen nicht studieren, solange wir nur den physischen Raum im Sinne haben. Wir müssen uns einen Raum vorstellen, der das gerade Gegenteil davon ist, und nicht bei einem »Punkt als Ursprung« anfangen, sondern bei einer unendlichen Kugel. Wir können den Ätherleib des Menschen nur studieren, wenn wir ihn als gebildet aus dem ganzen Kosmos auffassen; wenn wir ihn so auffassen, daß eben diese von allen Seiten sich der Erde nähernden Kraftflächen an den Menschen herankommen und von außen her seinen Bildekräfteleib plastisch formen.«

Wir müssen nun zwei verschiedene Funktionen eines punktförmigen Zentrums erkennen. Die lebendige Funktion eines Punktes, der als »innere Unendlichkeit« eines ätherischen Raumes wirkt, ist von derjenigen eines Zentrums der Gravitations- oder eines magnetischen Pols oder einer anderen punktförmigen physischen Kraftquelle radikal verschieden. Seine Tätigkeit wird eher rezeptiv als in sich selbst zentriert sein und ist also mehr auf seine Umgebung als auf das, was er in sich selbst trägt, zurückzuführen. In imaginativer Betrachtung ist ein Same oder Keimpunkt nicht aufgrund der in ihm zentrierten Materiemenge oder Form aktiv. Eine bereits bestehende Form wird in diesem Bereich vielmehr ausgelöscht und chaotisiert.

Ein sehr interessantes Beispiel ist die Verpuppung der Raupe, die von einigen Biologen mit einer Art zweiter Embryo-Entwicklung verglichen worden ist. Der wohlbekannte Botaniker E.L.Grant Watson, der die Metamorphosen der Schwalbenschwanz-Schmetterlinge beobachtet hat, beschreibt sie mit folgenden Worten: In der Puppe »findet ein Gewebe-Abbau statt«, der fast alle Organe der Raupe »zu einer Art nicht-zellularem Brei« reduziert. Doch »Form und Lage der Schmetterlingsorgane sind in diesem Entwicklungsstadium auf der Puppe markiert. Diese Markierungen befinden sich auf der Außenseite, und im Inneren ist noch nichts ausgeformt, was ihnen entsprechen würde... Obwohl im Innern nichts als der im Zerfall begriffene alte Körper der Larve anzutreffen ist, findet man auf der Außenseite der Puppe die Zeichnung des ganzen Insekts, mit Flügeln, Beinen, Fühlern etc., an deren Stelle später die noch nicht gebildeten Organe treten werden...« Grant Watson macht auf die Bedeutung dieser Tatsache aufmerksam, welche »die landläufige Vorstellung, daß sich Entwicklung immer und ausschließlich von einem Zentrum nach außen zu abspielt, modifizieren wird. Unsichtbare Kräfte, die sich außerhalb des Insekts befinden, haben ihm die Gestalt aufgeprägt, die jenem Urgrund entspricht, der seinem Wesen innewohnt.«[6]

Relativ formlose Materie setzt sich also im Keimzentrum eines Lebewesens den einströmenden Kräften aus, die den lebendigen Archetyp einer Neu-Bildung in sich tragen. Überall, wo Leben ist, überläßt sich die Materie den peripherischen und kosmischen Kräften, und sie wird es umso wirksamer tun, je weniger sie »sich selbst behauptet«. Für diese Selbst-Aufhebung erweist sich vor allem das flüssige und wäßrige Entwicklungsstadium am geeignetsten. Sobald sich lebendiges Wasser den einströmenden kosmischen Kräften überläßt, kommt es zu einem Auftriebs- und Ausdehnungsprozeß, in einem Wort, zu dem, was wir als Wachstum erleben. Das nach oben strebende Pflanzenwachstum ist mehr ein Phänomen des äußeren Sogs als des inneren Drucks; der intensive Druck, der sich bei der Überwindung der irdisch-materiellen Widerstände ergibt, ist dabei sekundär.

Wenn Goethe in seiner »Farbenlehre« die Ausdrücke »Licht und Finsternis« gebraucht, so denkt er dabei an die idealen, an sich unsichtbaren Entitäten, welche sich in der Farbenwelt, einschließlich aller Schattierungen von Schwarz und Weiß, manifestieren. Wir werden in diesem idealen Sinne als »Licht« das Wesen der ätherischen Welt bezeichnen, in der die Kräfte aus der Peripherie entspringen, und als »Finsternis« die materielle Welt, für die das Umgekehrte gilt. Zugegeben, es ist nicht gerade leicht, das Wort »Licht« in diesem Sinne zu gebrauchen, denn in den heute herrschenden Theorien (z.B. der elektromagnetischen Theorie) erscheint das Licht selbst als eine Manifestation von zentrischen Kräften. Man wird jedoch herausfinden, daß das ursprüngliche Wesen des Lichts peripherischer und nicht zentrischer Natur ist. Goethes Farbenlehre blieb für die Physik des 19. Jahrhunderts ein Buch mit sieben Siegeln, denn diese strebte danach, alle Naturkräfte (sogar den hypothetischen lichttragenden Äther) im »zentrischen« Bereich einzuschließen. Die von ihr untersuchten räumlichen Polaritäten waren immer jene, welche von Punkt zu Punkt wirksam sind, d.h. von einem punktzentrierten Pol zum anderen. Von der primären und viel eher qualitativen Polarität zwischen zentrischen und peripherischen Kräften hatte sie keine Ahnung. Das Licht, das aus den kosmischen Weiten zur Erde strömt und das Leben der Pflanzen hervorruft, ist peripherischer Natur. Es »schießt« nicht durch den Raum und läßt sich nicht mit den Korpuskel-Bombardierungen, die heute als »kosmische Strahlen« bekannt sind, vergleichen. Materie als solche ist zentrisch; Licht ist ursprünglich flächenhaft und peripherisch.

Das die Erde umhüllende Himmelslicht lockt mit jedem wiederkehrenden Frühling und Sommer das Leben der Pflanzen herauf und heraus. Wir müssen die Erscheinungen der Natur lesen,und wir werden entdecken, daß sie uns genau dies sagen. Gerade so wie die Eisenspäne auf die Anwesenheit des Magnetfeldes deuten, so wird die Geste der sich ausbreitenden Blätter und Äste auf den Charakter dieses ätherischen, die Erde umbrandenden Lichtfeldes hinweisen. Das Blatt tendiert in seiner Entfaltung, allgemein gesagt, nach der Ebene hin. Die Myriaden von Blättern, die in der lichterfüllten Luft aufglänzen, sind wie die von der Erde hervorgestreckten Organe – Organe, die auf die Auftriebskräfte der Himmelsebene antworten. Das Blattwerk der Pflanzen offenbart eine Bilde-

Tendenz, die gerade das Gegenteil jener atomistischen, zerfallenden Struktur darstellt, die in der anorganischen Natur eine so große Rolle spielt. Genauso wie die Materie die Tendenz hat, in Atome auseinanderzufallen, so zeigt der Äther – das ideale Negativ-Bild der Materie – die Tendenz zum ebenenhaften Gewebe. Das tritt überall in Erscheinung, wo das Materielle heraufgehoben und von den ätherischen Bildekräften durchdrungen wird.

Alles irdische Leben verdankt sein Dasein den grünen Pflanzenblättern mit ihrer Affinität zum kosmischen Licht. Staub wird zu Staub; die irdische Materie zerfällt und geht zugrunde; in den Blättern der Pflanzen, die ihre nach oben strebenden Oberflächen ausbreiten und das Licht des Himmels trinken, schafft das Universum den Ausgleich. Wo sich Licht und Finsternis oder Licht und Materie oder das zentrische und das peripherische Prinzip gegenseitig durchdringen, da wird die Materie zur lebendigen Form erhoben, und wo sie auseinanderfallen, ist Tod. Rudolf Steiner sagte einmal, daß sich vor dem geistigen Auge im Herbst, wenn die toten Blätter zur Erde fallen und zugrunde gehen, ätherische Lichtschwingen zum Himmel erheben.

Die physisch-ätherische Polarität des Raumes verleiht der Tatsache, daß wir die Vorstellung des euklidischen rechtwinkligen Raumes von der aufrechten Gestalt und der aufrechten Körperhaltung ableiten, eine zusätzliche Bedeutung. Das rechtwinklige Drei-Achsen-Kreuz, das wir in der Geometrie und der analytischen Mechanik in jedem Punkte des Raumes nach Belieben voraussetzen, ist wie das irdische Gegenstück zu einem beweglichen Dreieck in der Himmelsebene.[7] Dieses archetypische Dreieck der unendlichen Peripherie bestimmt die reine Form des Raums, d.h. die Gesetze der euklidischen Geometrie in ihrer Reinheit und Einfachheit; sein Gegenstück im Reich der Finsternis – das dreifache Kreuz in jedem materiellen Mittelpunkt – ist für das Spiel der irdischen Kräfte von derselben Bedeutung. Die gleiche Polarität wie im großen Weltall ist auch im Menschen selbst wirksam. Rumpf und Glieder weisen hauptsächlich eine axiale und eine radiale Struktur auf. Der Kopf dagegen ist sphärisch – ein winziges Abbild der unendlichen Himmelssphäre. Sogar das ideale Dreieck der Himmelssphäre hat in den drei halbkreisförmigen Kanälen, dem Gleichgewichtsorgan im Innenohr, sein winziges Abbild. Was immer der Mensch in der irdisch-räumlichen Welt aufgrund der dreidimensionalen radialen Bildung des Rumpfes und der Gliedmaßen *vollbringt,* kann er mit diesem sphärisch-dreidimensionalen Organ in seinem Kopf *erkennen.* Und so ist er imstande, die räumliche Welt geometrisch und architektonisch zu *denken.*

Es handelt sich jedoch um mehr als einen bloß formalen Zusammenhang; er besteht auch bei denjenigen Kräften, die in Kopf und Gliedmaßen wirksam sind. Nicht nur ist unser Kopf peripherisch (sphärisch) geformt –wir leben und handeln in unserer Denkaktivität ebenfalls innerhalb des Bereichs der peripherischen, von »von außen nach innen« arbeitenden Kräfte. Geometrisch ausgedrückt: *Der Bereich der wirklichen Kräfte, in denen wir während des Denkens leben, ist den räumlichen Gegenständen unseres Denkens polar entgegengesetzt.* Die Gegenstände des gewöhnlichen Denkens sind physischer Natur, d.h. zur Hauptsache punktuell gestaltet und strukturiert, aber gerade in dem sie zu Gegenständen machenden Denkakt selbst leben wir unbewußt in einem ebenenhaften, mit andern Worten, in einem ätherischen Bereich. Es ist so, wie wenn gleichzeitig mit unserer Vorstellung von der dem »Salz der Erde« entsprechenden Würfelform in unserer Kopf-Natur als eine Licht-Gestalt die Oktaeder-Pyramide[8] auftauchte. Doch das heißt nicht: »innerhalb des Schädels«. Inneres und Äußeres sind für die ätherischen Prozesse ausgetauscht. Der Licht-Raum, in dem wir als Denker leben, hat im Schädelinnern höchstens sein Ziel oder seine Unendlichkeit. Darin besteht das Wesen der Nervenorgane und des Gehirns: sie sind die »innere Unendlichkeit«, auf die hin die aus dem weiten Weltenumkreis hereinströmenden Ätherkräfte des kosmischen Denkens gerichtet sind. Wenn wir eine geometrische Form erfassen, leben wir sogar räumlich innerhalb ein und desselben Archetyps; wir haben tatsächlich unsere verschiedenen Köpfe, und an verschiedenen Orten der Erde; doch in unseren Köpfen befindet sich nichts anderes als die kosmischen Keimzentren, in die hinein derselbe Archetyp gleichsam seine befruchtenden Kräfte hineinschickt.

Das hier Angedeutete wird sich für unsere Theorie des wissenschaftlichen Erkennens als fundamental bedeutsam erweisen. Das Reich des ätherischen Lichtes, dessen grundlegende Natur in diesem Essay dargelegt wurde, bleibt dem Menschen gerade deshalb verschlossen, weil er als Erkennender, d.h. im Vollzug seiner Erkenntnisfähigkeiten in diesem Reiche lebt und mit ihm eine Einheit bildet. In bezug auf diese Licht-Welt müssen die Gegenstände seiner Erkenntnis immer finsterer Natur, d.h. Schatten sein oder solche werfen. Gerade im Akt des Schattenwerfens leuchten sie vor seiner Erkenntnis auf. Genau so wie das die klare Luft durchflutende Sonnenlicht selbst unsichtbar ist und doch jedes Partikelchen, jeden dunklen Gegenstand, der ihm in den Weg kommt, uns in seiner Reflexion selbst als Licht erscheint, so ist für uns auch die Welt des wesenhaften Lichts unwahrnehmbar. Unwahrnehmbar ist gerade das Licht, in dessen Kräften wir in all unserem Denken, in all unserem bewußten Wahrnehmen leben und weben. Wahrnehmend und denkend tasten wir uns durch diesen See von Licht, bis wir auf die materielle, gegenständliche Finsternis stoßen; an ihr erwachen wir zum Bewußtsein. Doch seinem Ursprung nach ist die Finsternis dem Licht verwandt. Sie sind, wie Goethe selber andeutete, Absplitterungen aus einer ursprünglichen Einheit, die allen räumlichen Polaritäten vorausging. So sehen wir Licht, wenn wir bei der Berührung mit der Finsternis zum Bewußtsein erwachen. So dunkel und materiell sie auch sein mögen, die Gegenstände des Wahrnehmens und des Denkens leuchten uns in unserem Denken auf.

Es ist für die »exakte Wissenschaft« unserer Zeit bezeichnend, daß sie sich völlig dieser Welt der Finsternis, d.h. in Wirklichkeit dem materiellen, atomistischen, punktförmigen Bereich überläßt. Während sie in den hier aufleuchtenden klaren Gedanken ihre Befriedigung findet, macht sie sich über den Ursprung des Gedankens im Menschen selbst keine Gedanken. Heute jedoch lebt die in der projektiven Geometrie entdeckte Polarität, begleitet von einem umfassenden phänomenologischen Studium der Natur, einen viel breiteren und freieren Weg an; es bedarf nur noch eines weiteren wesentlichen Schrittes: den erkennenden Menschen selbst mitten in diesen Prozeß hineinzustellen. Dann werden wir uns dazu ermutigt fühlen, eine Verstärkung unserer Erkenntnisfähigkeiten anzustreben. Dann werden wir kraft eines mehr imaginativen, meditativen und willendurchdrungenen Denkens für das Ätherreich erwachen, sogar ohne Hilfe des materiellen Schattens. Dieses ist für unser ererbtes »gegenständliches« Bewußtsein tatsächlich unwahrnehmbar. Aber die Menscheit steht diesbezüglich an der Schwelle einer tiefgreifenden Wandlung.

Im meditativen Denken üben wir die Kraft des Denkens ohne Bezug auf äußere Gegenstände, wodurch sie sich verstärkt. Mit einem derart verstärkten Denken und mit einem stets hingabevollen Interesse an der Natur wie auch an allem, was uns die Wissenschaft enthüllt, werden wir jene erfülltere Welt erkennen, in der die Materie nicht nur aus dem finsteren Gewimmel unzähliger Atome hervorgeht, sondern von Kräften, die sich vom Himmel her nach innen erstrecken, getragen wird. Die finstere Materie mit ihrem nach unten strebenden Gewicht und die aufwärts strebende Kraft des Lichts, die finstere Materie mit ihrem Expansionsdrang und das einströmende Licht halten sich in dieser Welt, schon im normalen Spiel der Natur, im rhythmischen Gleichgewicht, indem sie die Erdoberfläche zum Heim des Menschen machen.

Pflanzenwachstum und die Formen des Raums

Viele Geheimnisse der Natur sind »offene Geheimnisse«. Die Wahrheit liegt vor aller Augen; doch es können Generationen, ja sogar ganze Epochen und Zivilisationen vorbeigehen, ohne daß sie gesehen wird. Denn der Mensch betrachtet die Wirklichkeit nicht allein mit den äußeren leiblichen Sinnen, sondern auch mit dem inneren geistigen Auge. Das äußere Auge mag sich noch so scharf konzentrieren und dem Bewußtsein ein immer genaueres Abbild der äußeren Gegenstände vermitteln, es wird blind und ohne Verständnis vor sich hinstarren, bis der Geist eines Tages von der Idee durchdrungen wird, die zum betreffenden Phänomen gehört und sich in ihm auf irgendeine Weise offenbart. Dann und nur dann fangen wir wirklich an zu sehen.

Man betrachte das Wachstum der Pflanzen im Frühjahr und Sommer. Man beachte in der unendlichen Vielfalt von Formen die charakteristische Geste am Scheitel des Schößlings. Die jungen und zarten Blätter scheinen sich auszubreiten, als ob sie im Hohlraum unmittelbar über dem Scheitel des Stieles etwas sehr Wertvolles bergen würden. Pflanzen wie der Waldmeister bringen an jedem Knoten einen ganzen Blattwirbel hervor. Die jungen nach oben strebenden Blätter bilden oberhalb des Scheitels einen hohlen, zunächst schlanken und tiefen Konus, der sich bei zunehmendem Alter der Blätter ausdehnt. Solange die vegetative Phase der Pflanze andauert, bleibt der Hohlraum über dem Scheitel bestehen und bringt Knoten um Knoten die Blattknospen hervor. Zuerst erscheinen sie mit dieser umhüllenden Geste, dann dehnen sie sich in Richtung der horizontalen Ebene aus, welche sehr oft die endgültige Lage der reifen Blätter ist.

Diese Tendenz, am Scheitel einen Hohlkegel oder hohlen Kelch zu bilden, der von der umhüllenden Geste der jungen Blattknospen umgeben wird, tritt auch bei der Mehrzahl jener Pflanzen, die an jedem Knoten nur ein einziges seitliches Blatt bilden, noch in Erscheinung. Hier reihen sich die Blätter in einer Art Spiralfolge aneinander. In der Regel haben sich die aufeinanderfolgenden Knoten beim Scheitel noch nicht ausgedehnt und voneinander entfernt. Die Zwischenknoten müssen noch wachsen; die jungen Blattknospen verschiedener Knoten bilden mehr oder weniger einen Spiralwirbel, der wiederum einen Hohlraum in sich schließt. Oft

Wolliger Schneeball

zeigt sogar schon ein einzelnes Blatt die umhüllende und schützende Geste sehr deutlich (siehe Abb. S. 56).

Diesem schlichten Eindruck, den wir von der Geste der wachsenden und sich entfaltenden Pflanze erhalten, liegt eine bisher unbekannte Wirklichkeit zugrunde. Worin besteht das Wesen des von den jungen Blättern über dem Scheitel des Stengels umhüllten Hohlraums? Wo werden wir die Begriffe finden, die uns wirklich helfen, diesen Prozeß mit dem Auge des inneren Verstehens zu betrachten?

Die Physik ist seit Faraday und Maxwell mit der Vorstellung wohl vertraut, daß das potentielle Wesen jener Kräfte, die sich unter gewissen Umständen im Verhalten von sichtbaren Gegenständen manifestieren können, in einem scheinbar leeren Raum angesiedelt ist. Wir sprechen von »Kraftfeldern«. Wir glauben, daß die unsichtbare Natur des Kraftfeldes zwischen zwei geladenen Leitern für deren Reaktionen sowie auch für die von anderen in den Vorgang einbezogenen Gegenständen verantwortlich ist, wenn diese potentiellen Kräfte freiwerden. Wir finden die Erklärung nicht in den greifbaren Gegenständen, sondern im Raum zwischen ihnen. So ist es also nicht unvorstellbar, daß im anscheinend leeren Raum, zunächst unsichtbar, etwas Reales lebt, das das Verhalten dessen, was wir sehen, bestimmt.

Doch wir müssen fragen: Wenn das beim Scheitel der Fall ist, worin besteht dann sein Wesen? Das Bild eines elektrischen Feldes kann uns hier nicht weiterhelfen. Falls im Hohlraum zwischen den sich entfaltenden Blättern ein unsichtbarer Kraftbereich liegt, können wir versucht sein, im Mittelpunkt einen Kraftpol anzunehmen, der wie ein elektrischer oder magnetischer Pol oder der Schwerpunkt eines materiellen Körpers nach außen strahlt. Doch die Phänomene deuten auf nichts derartiges hin.

Es ist jedoch in der reinen Geometrie und Mathematik möglich, nicht nur solche Punkte zu beschreiben, wie sie in der Physik als elektrische oder magnetische Pole oder als Gravitationsmittelpunkte auftreten. In der Geometrie und in der Funktionentheorie gibt es vielerlei »einzigartige Punkte«. Nun lehrt uns die elementare projektive Geometrie, daß jede plastische Form im Raum, d.h. jede Kurve oder Oberfläche, einen doppelten oder polar-gegensätzlichen Aspekt aufweist. Die Oberfläche einer Kugel ist zum Beispiel nicht bloß die Gesamtheit aller Punkte, die sich in einer bestimmten Entfernung zu einem gegebenen Mittelpunkt befinden. Das ist nur der eine Aspekt der Beschreibung; er stellt in einem qualitativen Sinne nur die halbe Wahrheit dar. Denn die Kugel hat in jedem Punkt auch eine tangentiale Ebene. Sie wird von ihren Tangentialebenen eingehüllt, und wir müssen einer sich bewegenden Ebene nur das richtige Bewegungsgesetz zuweisen und die Kugel wird als eine unendliche Ansammlung von Ebenen nicht weniger genau und vollständig gebildet, als dies vermittels der gewöhnlichen Definition geschieht, in der wir sie als unendliche Ansammlung von Punkten denken. Die moderne Geometrie hat uns gelehrt, alle räumlichen Formen und sogar die Struktur des Raumes selbst sowohl von ihrem ebenenhaften als auch von ihrem punkthaften Aspekt her zu durchdenken.

Obwohl diese Denkweise seit mehr als einem Jahrhundert bekannt ist und ihre Tiefe und Schönheit von reinen Mathematikern anerkannt und bewundert wird, hat sie in der mathematischen Physik noch kaum direkte Anwendung gefunden, aus dem einfachen Grund, weil die fundamentalen Wesenheiten der Physik punktueller, d.h. atomistischer Natur sind. Wir werden jedoch entdecken, daß sie im Bereich des Lebendigen – in der Morphologie und Physiologie der Lebewesen –ihre Anwendung findet. Die Natur offenbart in ihren Erscheinungen den ebenenhaften und nicht nur den punktuellen Aspekt des Raumes. Beim ebenenhaften Aspekt der Kugel werden die grundlegenden Wesenheiten die tangentialen Ebenen sein, die sie von außen berühren und formen. Falls wir in regelmäßiger Folge oder Anordnung eine endliche Anzahl aus ihnen auswählen, werden sie eine sanft einhüllende und umschließende Geste zum Ausdruck bringen, wie die Blumenblätter einer halbgeöffneten Blüte.

Die idealen Wesenheiten des reinen Denkens werden in der äußerlich sichtbaren Natur nur annähernd erreicht. Jedes Materieteilchen gleicht einem Punkt, doch es ist nicht der ideale, mathematische Punkt, wie fein wir die Materie auch zermahlen mögen. Diese Tatsache sctzt die Bedeutung der idealen Vorstellung des Punktes für die Physik nicht herab. Wo sie anwendbar ist, ist sie genau anwendbar, nicht als Annäherung, sondern als begrifflicher Schlüssel zum waltenden Gesetz. Das Gravitationszentrum eines Stuhls ist in vielen Fällen nicht einmal ein Punkt des materiellen Stuhls; er schwebt mitten in der Luft. Doch das dynamische Verhalten des Stuhls läßt sich in bezug auf diesen Punkt und auf keine andere Weise exakt bestimmen.

So ist zum Verständnis des materiellen Bereichs die Vorstellung des Punkts und der punktuellen räumlichen Eigenschaften (wie z.B. die Entfernungsbeziehungen zwischen Punkten) wesentlich, doch ist dieser ideale Punkt nicht davon abhängig, ob er in irgendeinem Materieteilchen verwirklicht wird. Und daß die letzteren, z.B. die Tropfen einer Emulsion, sich idealen Punkten annähern, ist wie eine Andeutung, wie ein Hinweis auf die Art von idealer Wahrheit, welche die anorganischen Naturgesetze beherrscht. Dies ist, um einen alten Ausdruck zu gebrauchen, im wesentlichen eine »Signatur«, eine *signatura rerum.*

Falls unsere Behauptung stimmt, daß die Ebene die ideale Raum-Gestaltung beherrscht, die den charakteristischen Erscheinungen des Lebens zugrunde liegt, dann werden wir also in diesen Erscheinungen ebensowenig ein exaktes Abbild der Ebene erwarten. Wir haben sogar noch weniger Grund, das zu erwarten als beim Punkt und den Materie-teilchen. Denn für unsere äußeren Sinne ist nur das Materielle sichtbar. Das »Mehr als Materie« in einem Lebewesen kann sich unseren Sinnen nur durch den Charakter, den es dem lebendigen materiellen Körper gibt, offenbaren. Und falls dieses »Mehr als Materie« in polarem Gegensatz zum materiellen Bereich steht, so wie in der reinen Geometrie die Ebene dem Punkt polar gegenübersteht, so ist es einleuchtend, daß sich die materielle Wesenheit gleichsam nur »ausstrecken« kann, um dieses »Mehr« zu empfangen; das Materielle wird das »Mehr als Materie« nur teilweise und vorübergehend offenbaren können. Es ist offensichtlich eine Binsenwahrheit, daß ein Punkt, wo immer er liegt, ganz vorhanden ist. Dagegen hat die geometrische Ebene eine unendliche Ausdehnung; in der materiellen Welt kann deshalb nur ein infinitesimaler Teil die Ebene repräsentieren. Dennoch kann das ebenenhafte Element in seiner sicht-baren Form für uns zu einem Schlüssel zum Verständnis gerade jenes Aspekts der lebendigen Welt werden, der nicht allein in der physischen Substanz enthalten ist oder durch sie erklärt werden kann.

So tief und schön die Entdeckungen der letzten hundert oder zwei-hundert Jahren auf dem Gebiet der reinen Geometrie auch waren, es ist zunächst schwierig zu sehen, wie sie praktisch angewendet werden können, und ebensowenig ist es leicht, unsere Denkgewohnheiten so umzuge-stalten, daß uns die neugewonnene Einsicht »in Fleisch und Blut über-geht«. Unser eigenes Selbstbewußtsein hängt stark mit dem *Punkt* zusam-men. Ein Mensch muß sich in einem gegebenen Moment an einem bestimmten Punkt des Raums befinden; was er in der Außenwelt voll-bringt, muß in jedem Augenblick vom Punkt, an dem sein Körper ist, nach außen strahlen. Dieses räumliche Selbstgefühl projizieren wir unbewußt auf das materielle oder pseudomaterielle Wesen, dessen Bewegungen und Reaktionen wir uns vorstellen, gleichgültig, ob es sich um ein sichtbares belebtes oder unbelebtes oder um ein imaginäres Wesen wie das Molekül oder das Atom handelt.

Wir wollen uns nun eine Welt vorstellen, in der die fundamentalen Prinzipien ebenenhafter Natur sind und in der, falls es darin wirkliche Wesen gäbe, diese nicht Punkten, sondern Ebenen gleichen würden. Wenn sie sich mit dem Gefühl »Ich bin hier« in sich zusammenzögen, würden sie räumlich genau das Gegenteil des Konzentrierens tun. Sie würden sich mit der größtmöglichen Intensität durch ihre ganze Ebene ausdehnen. Man kann das mit Worten nicht beschreiben: eine Expansion mit der Qualität der Konzentration; im »Brennpunkt« nicht ein Punkt, sondern eine Ebene; Finden des eigenen Zentrums in dem Gegenteil von Zentrum. Um einen solchen Bereich nicht nur in der Phantasie, sondern mit exaktem Denken zu betreten, wobei jede Denkform den ihr in diesem Bereich wirklich entsprechenden Wert erhält, müssen wir in der Lage sein, »das Extensive intensiv und das Intensive extensiv zu denken« (Rudolf Steiner).

Falls also ein Bereich mit diesem ebenenhaften Charakter tatsächlich existiert und sich in den Erscheinungen der lebendigen Natur manifestiert, so wird der materielle Körper eines Lebewesens nur imstande sein, sich in diesen anderen Bereich hineinzustrecken. Die Materie wird ihre Eigenschaften in einer solchen Weise gebrauchen müssen, daß sie sich selbst gewissermaßen verleugnet, um das genaue Gegenteil von Materie in Erscheinung treten zu lassen. Zu den grundlegenden Eigenschaften der Materie gehört die Konzentration um einen Punkt und die Bewegung dieses Punktes entlang einer Geraden. Die Materie wird sich erheben oder in irgendeiner Weise von der massiven Erde lösen müssen, wobei sich ihre Bestandteile entlang Geraden bewegen, die sich derart verzweigen, daß sie sich zu einer Oberfläche ausdehnen und so die ungebrochene Einheit einer Ebene oder einer plastischen Oberfläche in ihrem Ebenen-Aspekt nachahmen.

Genau das sehen wir bei der Pflanze, denn auf solche Weise entsteht das *Blatt* als materielle Form. Der wässerige Saft steigt durch die Blattnerven, welche sich wie zu einer vorherbestimmten ebenen Oberfläche verästeln und verzweigen und durch wiederholte Anastomose die dazwischenliegenden Zellen, die die zarten und sich fortwährend ausdehnenden Blattformen bilden, erhalten und versorgen. Die Beschränktheit der Materie erlaubt ihm das nur bis zu einem gewissen Grad; physisch gesprochen: nur ein winziger Teil jeder Ebene wird sichtbar. Doch sie wird sich in der Geste und im Spiel der Formen und Kräfte offenbaren. Dem unvoreingenommenen Blick wird sie sich zu erkennen geben. Denn in dieser Art verfährt die Natur; sie enthüllt ihre Wahrheit auf zarteste Weise dem künstlerischen Sinn. Ihre Erscheinung *ist* schon Theorie, wie Goethe sagte, wenn nur wir sie darin finden können.

Wir behaupten, daß der Hohlraum, der von den sich entfaltenden Blattknospen am Scheitel des Schößlings oder von den Blättern einer halbgeöffneten Blüte umhüllt wird, eine wirkliche Bedeutung habe. Wir haben das geometrische Bild einer von ihren Tangentialebenen umhüllten Kugel gebraucht. Doch nun müssen wir noch tiefer dringen. Worin wird das Wesen eines solchen Raums bestehen? Welche Kräfte werden in ihm und um ihn herum wirken? Welche Funktion müssen wir seinem Mittelpunkt oder idealen Brennpunkt zuschreiben? Wiederum hilft uns auch hier die moderne Geometrie weiter, wenn wir ihre Gedanken-Formen mit Mut und Vorstellungskraft mit in unsere Wahrnehmung der Natur hineinnehmen. Denn für diese Geometrie ist die Kugeloberfläche nicht nur aus ihren Punkten oder ihren Tangentialebenen gebildet. Gerade die Gegenwart der Kugel selbst läßt eine den gesamten Raum, in dem sie schwebt, beherrschende Beziehung von Punkt und Ebene entstehen. Diese Beziehung ist im wesentlichen polarer Natur – sowohl im mathematischen als auch im Goetheschen Sinn des Wortes.

Zu jedem Punkt innerhalb der Kugel kann außerhalb eine entsprechende »polare Ebene« gefunden werden und zu jedem äußeren Punkt eine polare Ebene, die den Innenraum durchquert. Die »polare Ebene« eines Punkts *auf* der Kugeloberfläche wird die Tangentialebene *in* diesem Punkt sein – ein Bild das wir soeben beschrieben haben. Zu weiter nach innen gelegenen Punkten gehören weiter gegen die Peripherie des Raumes gelegene Ebenen, und umgekehrt. Die Punkte und Ebenen folgen bei ihrer Bewegung nach innen und außen dem einfachen numerischen Gesetz der reziproken Proportion. Dies führt zur Vorstellung, daß die unendlich ferne Peripherie des Raums tatsächlich eine Ebene ist, welche alle unendlich fernen Punkte in sich enthält. Genauso wie es einen innersten Mittelpunkt gibt, in dem alle inneren Punkte zusammenkommen werden, so existiert auch eine unendlich ferne Ebene, in die alle fernen Ebenen, die sich in allen Richtungen auf das Unendliche zubewegen, schließlich verschmelzen werden.

So erscheint eine gegebene Kugel nicht nur in dem polaren Aspekt ihrer äußeren und sichtbaren Form, nach dem sie alternativ durch Punkte oder Ebenen gebildet werden kann. Sie hat eine viel beweglichere und organischere Funktion, die sich durch den ganzen Raum erstreckt. Sie erzeugt eine alles-durchdringende Polarität von Punkt und Ebene, in welcher das Innerste dem Äußersten, das am meisten Zusammengezogene dem am weitesten Ausgedehnten entspricht. Die radiale und nach außen hin verlaufende Bewegung von Punkten oder punktähnlichen Gebilden wird gemäß dieser Polarität ein Heranschweben von Ebenen oder ebenenhaften Gebilden aus den Unendlichkeiten des Raums anzeigen.

Wenn wir eine Kugel von diesem Gesichtspunkt aus betrachten, werden wir nicht mehr einfach kategorisch behaupten, daß der Innenraum ein endliches Volumen habe, während ihr Äußeres unendlich und maßlos sei. Wir werden vielmehr imstande sein, uns je nach dem in Frage stehenden Problem in die eine oder die andere Richtung zu begeben. Für die physische Materie ist es ganz richtig, daß der Raum innerhalb der Kugel endlich ist; eine gegebene Kugel wird nur eine endliche Materiemenge enthalten, je nach ihrem Volumen. Dagegen ist der Außenraum, der die »unendlich ferne Ebene« enthält, selbst unendlich. Dies deshalb, weil die physische Materie im Raum des Euklid zu Hause ist, für den die »unendliche Ebene« ein bestimmender Faktor ist. Dagegen ist es im Raum der modernen projektiven Geometrie – oder in den verschiedenen Arten von Räumen, die aus ihr entstehen können – ganz logisch, sich eine Kugel vorzustellen, die gleichsam mit »ebenenhafter Substanz« gefüllt ist, von außen nach innen zu, eine Kugel, in welche sich aus der Peripherie des Raumes »ebenenhafte Kräfte« ergießen können. Auf eine solche Kugel müssen wir nicht das euklidische Maßsystem anwenden, von welchem aus gesehen der äußere Raum unbedingt unendlich ist, während der Innenraum ein endliches Volumen hat. Selbst der Begriff eines meßbaren Volumens mag hier nicht mehr zutreffen.

Ein geometrischer Raum ist eine vom geistigen Auge betrachtete reine Gedankenform. Der Raum-Begriff, der es uns ermöglicht, in irgendwelche Naturerscheinungen mit Verständnis einzudringen, hängt offenbar mit dem Reich der Ideen zusammen, dem diese Erscheinungen angehören und das sie unseren Sinnen offenbaren. Die euklidische Geometrie ist für das Vordringen zur idealen Wirklichkeit der Erscheinungen der anorganischen Natur unsere Führerin gewesen. Eine ganz andere Art von Geometrie wird für die Erscheinungen des Lebens einen wesentlichen Schlüssel liefern, wo sich die leblose Materie oft über sich selbst zu erheben scheint und wo die charakteristischen räumlichen Formen und Gesten so ganz anders sind.

Um zu unserer Ausgangsfrage zurückzukehren: worin besteht das Wesen jener nicht tastbaren Kugel oder jenes scheinbaren Hohlraums über dem Scheitel des grünen Schößlings oder im hohlen Kelch der Blüte?

Wir stellen uns vor, daß genauso, wie die Erscheinungen der leblosen Materie zum euklidischen Raum gehören, dessen Unendlichkeit eine unendlich ausgedehnte Kugel oder »unendliche Ebene« ist, die Phänomene des Lebendigen einen mit diesem Raum verwobenen polar entgegengesetzten Raum-Typus offenbaren: einen Raum nämlich, dessen Unendlichkeit statt im Äußersten im Innersten liegt – in einem einzigen Punkt mitten im Herzen des lebendigen Wesens statt in einer unendlich fernen Ebene. Die ebenenhaften Kräfte des Universums erschöpfen sich auf einen solchen Punkt hin. Im Bereich der »inneren Unendlichkeit«, wo sich nur ganz wenig Materie oder überhaupt keine Materie, sondern das »Mehr als Materie« befindet, wird das der Form innewohnende Leben stark sein. Hier wird die geschaffene Form wie aus einer Unendlichkeit noch ungeborenen Lebens entstehen, dem physischen Volumen nach zunächst winzig klein, doch riesengroß in bezug auf die ätherische Vitalität. Das in seinem jungen Leben zarte und vitale Blatt erreicht mit der Zeit und bei einer Verminderung seiner Lebenskraft eine größere physische Vollkommenheit und legt in seiner Form Zeugnis ab von der ebenenhaften Welt, aus der es hervorgegangen ist.

Wir müssen uns nun eine gewisse Vorstellung von den »ebenenhaften Kräften« bilden, die in dieser anderen Art von Raum herrschen. Es wird diejenige Art von Kraft sein, von der Rudolf Steiner oft sagt, daß sie die Wissenschaft bald entdecken werde. Sie mag als »negative Gravitation«, als »aktive Auftriebskraft« oder einfach als »Levitation« bezeichnet werden. Mit dieser Vorstellung werden wir dem geheimnisvollen Phänomen des nach oben strebenden Pflanzenwachstums begegnen, welches für den gesamten Erdenplaneten die Manifestation allen Lebens ist. Es ist bis auf den heutigen Tag eine strittige Frage: Wie kann der Saft im Frühjahr in den Bäumen hochsteigen, sogar über den Barometerstand hinaus? Wir brauchen die verschiedenen Theorien – z.B. über den osmotischen Druck, die Kapillarität oder die Kohärenz der Moleküle –, die zur Erklärung dieses Phänomens herangezogen werden, nicht anzugreifen. Viel wichtiger ist, daß die Qualität des Gedankenbildes, zu dem wir in diesem »ätherischen« Reich geführt werden, mit dem beobachteten Phänomen direkt verwandt ist, gerade so wie in der reinen Mechanik die Qualität des reinen Gedankens mit der sichtbaren Form – die gerade deshalb so schön ist – z.B. einer Baukonstruktion wie einer Hängebrücke verwandt ist.

Wir werden diese Kräfte ganz einfach als »ätherische Kräfte« bezeichnen. Ihre formbildende Aktivität wird selbstverständlich mit ihrer dynamischen Qualität zusammenhängen. Die individuelle Gestalt, in der ein lebendiger Körper wächst, wird weitgehend von ihrer spezifischen Verteilung bestimmt sein. Wir haben diese Kräfte vorhin als »ebenenhafte Kräfte« bezeichnet; das läßt sich folgendermaßen erklären.

63

Nicht nur ist jeder physische Körper vom physischen Aspekt der Materie aus betrachtet in einem Punkt zentriert, auch die gegenseitigen Kräfte zwischen Körpern wirken von Punkt zu Punkt; so erhalten wir verschiedene Kraft-Zentren wie Gravitationszentren, elektrische und magnetische Pole und so weiter. Kurz, wir haben nicht nur geometrische, sondern auch dynamische Zentren. Die typischen Kräfte der physischen Welt sind entlang bestimmten Geraden von Punkt zu Punkt wirksam. Geometrisch ausgedrückt: wo zwei Punkte verbunden werden, gibt es immer eine einzige gerade Linie; wenn eine gegenseitige Kraft dazwischen liegt, so wirkt sie entlang dieser Linie. Ebenso ist es in den ätherischen oder ebenenhaften Räumen: Beliebige zwei Ebenen haben eine Linie gemeinsam. Sind sie parallel, oder ist eine von ihnen die unendlich ferne Ebene, so ist ihre gemeinsame Linie unendlich weit entfernt, wie der Himmelshorizont, in dem, von einem bestimmten Standort aus gesehen, die Tangentialebene der Erde den Himmel schneidet. Die wechselseitige Kraft zwischen zwei ebenenhaften Entitäten der ätherischen Räume wird über ihre gemeinsame Linie wirken und die Tendenz haben, beide zusammen wegzuziehen, d.h. von der »inneren Unendlichkeit« des ätherischen Raums, dem sie angehören, wegzuziehen. Das Ergebnis im physischen Raum wird ein Nach-außen-Drängen, eine Expansion ein. Diese Expansion wird der Qualität nach jedoch nicht mit den auswärts stoßenden Kräften, sagen wir, der Bestandteile einer explodierenden Mine vergleichbar sein; ihre Qualität ist die eines Nach-Außen-*Ziehens,* buchstäblich eines *Zurückziehens* mit Saugcharakter.

Wir wollen nun annehmen, daß der Erdenplanet als Ganzes sowohl physischer wie ätherischer Natur sei. Er besitzt nicht nur ein Gravitations-, sondern auch ein Levitationsfeld. Er besteht nicht nur aus anorganischer Materie. Die Erde als Ganzes ist ein Lebewesen; die einzelnen Pflanzen, die auf ihr wachsen, sind wie Organe eines größeren, differenzierteren Organismus. Oder in der anthroposophischen Terminologie: die Erde hat nicht nur ihren physischen Leib; sie hat auch ihren »Ätherleib«.

Wir erhalten ein vollkommen klares Bild vom Charakter des »Levitations-Feldes« des Planeten, wenn wir uns vorstellen, daß der »unendliche Punkt« des ätherischen Raumes im oder nahe dem Erdmittelpunkt liegt und daß die archetypische und krafterfüllteste »Levitations-Ebene« in der unendlichen Himmelskugel liegt. Wir machen eine doppelte Zuordnung: genau da, wo der allgemeine Gravitationsmittelpunkt der physischen Kräfte liegt, befindet sich die Unendlichkeit, gleichsam die ideale Leere der ätherischen Kräfte; während andererseits in den fernen Himmelsweiten, in demjenigen, was, vom physischen Raum aus betrachtet, wie die unendliche Leere aussieht, die Urquelle der ätherischen und ebenenhaften Kräfte zu finden ist, die alle übrigen ebenenhaften Gebilde vom Erdmittelpunkt weg nach oben und nach außen ziehen. Wir wollen die zwei sich gegenseitig durchdringenden Gedanken nebeneinanderstellen:

das allgemeine Gravitations-
Zentrum der physischen Kräfte
ist zugleich der unendliche
Punkt des ätherischen Raums;

die allgemeine Levitations-
Ebene der ätherischen Kräfte
ist die unendliche Ebene
des physischen Raumes.

In diesem Licht können wir die Funktion der Pflanzenblätter verstehen. Sie sind die von der Erde hervorgestreckten »ebenenhaften Organe«, durch welche die physische, wäßrige Erdenmaterie den Bereich dieser aus den unermeßlichen Sphären des Himmels-Lichts stammenden ätherischen Kräfte betreten kann. Die ganze Qualität, das Erscheinungsbild des nach oben strebenden Wachstums der Pflanzen stimmt mit dieser Idee überein. Hervorgegangen aus dem individuellen Ätherbereich der Pflanze – wo eine ätherische Unendlichkeit in dem von den jungen Blattknospen umhüllten Hohlraum schwebt –, wird das Blatt zu einem ebenenhaften Organ, das wesentlich ist sowohl für die Lebensprozesse der Pflanze selbst als auch der Erde als solcher, in deren Wesen es gerade liegt, daß sie sich mit Blättern bedeckt. Das Blatt wird, solange es lebt, in der Luft und im Licht schweben, so wie es die jungen Blätter in den ersten Tagen und Wochen der vollkommen entfalteten Reife tun. Später rollt es sich dann zusammen und schrumpft, fällt zu Boden und zerfällt in die Myriaden von Partikeln, aus denen die dunkle Erde besteht. Doch bevor das geschieht, vollbringt das Blatt vor unseren Augen Wunder über Wunder. Nach außen und nach oben schwebend, gibt es sich der Luft und dem Lichte hin, die aus den Himmelsweiten an es herankommen. Es ist, wie wenn es, seiner ebenenhaften Natur folgend, in seine wahre Heimat, die archetypische Ebene in der himmlischen Peripherie des Raumes zurückkehren wollte.

Diese Vorstellung bringt im einzelnen viele Probleme mit sich. Wir müssen verstehen lernen, wie der physisch-materielle Stoff in das Feld dieser ätherischen Räume aufgenommen wird, wir müssen uns vorstellen, »er entziehe sich den Kräften, die vom Mittelpunkte der Erde auf ihn wirken, und er komme in den Bereich von anderen, die keinen Mittelpunkt, sondern einen Umkreis haben«.[1] Außerdem müssen wir unser Denken einem Bereich anpassen, in dem nicht nur ein einziger, ein für allemal in fixer Weise gegebener Raum, sondern eine Vielzahl von Räumen existiert. Denn ein solcher »ätherischer Raum« wird seine innerste »Unendlichkeit« überall dort haben, wo sich der Same oder der Brennpunkt eines neuen Lebens befindet. Letzterer kann entweder im Innern der wäßrigen Substanz eines lebendigen Körpers sein oder frei in der Luft schweben, wobei seine Gegenwart nur von den ihn umhüllenden blattähnlichen Organen angedeutet wird, wie das bei den höheren Pflanzen der Fall ist.

Wie begabt dieser Sonnen-Hohlraum über dem Scheitel jeder einzelnen Pflanze den ganzen Erdplaneten mit den Blättern, die er hat entstehen lassen, so daß das Leben und das Wachstum von Myriaden von Pflanzen in den einen großen Prozeß integriert werden, der die Erde im Sommer in den Himmel hinausstreben und die ätherischen Kräfte des Himmels in sich aufnehmen läßt? Und durch welche geheimnisvolle Veränderung in ihrer Beziehung zu diesem sonnenhaften Ätherraum durchwandert die Pflanze, wenn die rein vegetative Phase auf einem Höhepunkt anlangt, die Metamorphose von Blatt zu Blüte?

Gewiß ist, daß die Pflanzenwelt, wenn Gedanke und Vorstellungskraft für den Charakter dieser ätherischen Räume einmal geweckt sind, diese Räume sichtbar vor unser Auge hinstellt. Die Pflanzen werden dem Menschen den Weg aus der ziemlich finsteren und materialistischen Phase der Wissenschaft heraus- und in das kommende Zeitalter hineinfinden helfen. Dann wird die Wissenschaft selbst zeigen, wie die schöpferischen Archetypen aus den Himmelreichen auf die Erde hereinwirken. Was wir so von der Pflanzenwelt lernen, wird auch unsere Naturwissenschaft und unsere ganze Auffassung vom Kosmos allmählich verwandeln.

Die dreifache Gestaltung der Welt[1]

Die Kontemplation des unendlichen Raums des Universums – des Sternenhimmels – ist eine der wenigen mystischen, transzendenten und letzten Endes intuitiven Erfahrungen der menschlichen Seele, die der wissenschaftliche Materialismus bis heute nicht zu zerstören vermochte. Sogar der gedankenloseste Mensch wird einmal in seinem Leben, wenn er in einer klaren Nacht zum offenen Himmel hinaufblickt, zum Philosophen; selbst der extrem irdisch orientierte Geist wird einmal religiös. Daher ist die Interpretation des Weltalls durch die herrschende Kultur eines Zeitalters, gleichgültig, ob sie wie im Mittelalter theologischer oder wie in der heutigen Zeit pseudo-wissenschaftlicher Natur ist, von unaussprechlicher Bedeutung. Denn sie verbindet sich mit einer der tiefsten und intimsten Quellen des menschlichen Innenlebens.

Die heutige Menschheit geht einem neuen Erleben des Weltalls entgegen, einem gleichzeitig wissenschaftlichen und religiösen Erleben von tiefer Bedeutung für das individuelle und das soziale Leben. Das Wohl des menschlichen Lebens hängt in jedem Zeitalter davon ab, wie sich der Mensch in das große Universum hineingestellt sieht. In einer längst vergangenen Zeit war er sich der vielfältigen göttlich-geistigen Kräfte in der Welt bewußt, Kräfte, die auch sein eigenes Leben durchwoben. In späteren, monotheistischen Zeiten trat ein ernsteres und verschwiegeneres Gefühl für die göttliche Immanenz auf. Dies wiederum hat in den vergangenen Jahrhunderten einem Gefühl der Isolierung vom Kosmos Platz gemacht. Der Mensch wurde auf seine eigenen Quellen verwiesen. Was einst Element des täglichen Denkens und Redens, was ein ausgesprochener Glaube und Brauch war, nämlich das Gefühl, daß der Mensch selbst ein geistiges, dem göttlich-universellen Geist zum Dank verpflichtetes Wesen sei, wurde nun zu etwas Unausgesprochenem. Es lebte fort im moralischen Verhalten vieler Menschen, für die die alten Glaubensformen weitgehend zerfallen waren. Und auf solch eine indirekte Weise lebte es auch noch in manchem erklärten Skeptiker und Agnostiker weiter, obwohl es in dieser Form zu verschwinden drohte.

Doch in unserem Jahrhundert geht der Mensch in bezug auf die Geistigkeit des Kosmos und seine eigene Beziehung zu ihm einem neuen Erwachen entgegen. Alles, was die Menschheit durchleidet, trägt bei zu dieser Veränderung; die sozialen Unruhen, der Schock des Krieges, die neue Beziehung zwischen Ost und West, gerade auch die Desillusionierungen, die den allzu zuversichtlichen Rationalismus des 18. und 19. Jahrhunderts hinwegfegen, – all das spielt in diesem Prozeß seine Rolle. Es gibt in der zeitgenössischen Geschichte keinen Aspekt, der für die bevorstehende Wandlung nicht von Bedeutung wäre.

Einer der größten Einflußbereiche, in welchem um diese Veränderung gerungen wird, ist derjenige der Wissenschaft. Mit ihm wird sich der vorliegende Aufsatz beschäftigen. Er handelt von den wissenschaftlichen Darstellungen einer Erfahrung, die mehr als nur wissenschaftliches Gewicht hat. Einige dieser akademischen Darstellungen werden mit dem Stärkerwerden des unmittelbaren Erlebens zweifellos hinfällig werden. Wie ein Gerüst, das zur Errichtung des Tempels benötigt wird, werden sie, wenn diese Erfahrung ihre Erfüllung gefunden hat, abgebaut werden und in Vergessenheit geraten. Doch sogar jene, die in ihren tiefsten Intuitionen vielleicht über das Bedürfnis nach solchen Zugangsmöglichkeiten hinaus sind, dürften sie aus Sympathie mit dem Zeitgeist wohl respektieren.

Die Wissenschaft ist das Resultat des aktiven und selbstlosen Herantretens des Menschen an die materielle, sinnlich wahrnehmbare Welt. Hätte die westliche Menschheit die geistige Gabe des Gedankens nicht in das Zeitalter des Materialismus herübergetragen, so hätte das Gebäude der modernen Wissenschaft mit all seinen technischen Anwendungen nicht entstehen können. Doch im Verlauf dieses Prozesses verändert sich auch das Denken selbst. In der Seele werden neue Impulse und Gedanken geweckt; die Fragen nehmen einen intensiveren Charakter an. Die Zeit ist nun gekommen, wo aus den Tiefen des lebendigen, menschlichen Denkens heraus eine neue und intimere Beziehung zur fundamentalen geistigen Wirklichkeit der Welt erwachen wird. Während der Zeit vom 17. bis zum Ende des 19. Jahrhunderts war die tatkräftige Verwendung der menschlichen Verstandeskraft zur Erhellung der Sinneswelt, bewußt oder unbewußt, von einer religiösen Kraft getragen, einem Erbstück aus den zwei- bis dreitausend Jahren des Monotheismus, in seiner jüdischen wie in seiner exoterischen christlichen Form. Dieses Erbgut hat sich im 20. Jahrhundert verflüchtigt. Heute brauchen wir eine Erneuerung des im wahrsten Sinne des Wortes religiösen Bandes zwischen dem bewußten menschlichen Geist und dem Göttlich-Geistigen im Universum.

Heute strebt auch die Wissenschaft auf verschiedenen, ineinander einmündenden Wegen nach einer wesentlichen Veränderung, indem sie das Newtonsche Weltbild der vergangenen Jahrhunderte aus seinen Angeln hebt. Drei in dieser Richtung wirksame Faktoren seien erwähnt. Das sind erstens die Veränderungen, die in unserer Vorstellung von Materie und die Materie bewegenden Kräften eingetreten sind, weniger infolge von Spekulationen als durch gewisse experimentelle physikalische Entdeckungen. Dann ist das vertiefte Verständnis für das Räumliche selbst zu nennen, das durch die Fortschritte der reinen Geometrie herbeigeführt wurde. Als drittes kommt die weit beweglichere und viel inhaltsvollere Idee in Betracht, die wir aus den Prinzipien von Form und Struktur gewinnen, d.h. die Vorstellung von dem, was heute oft mit *Gestalt* bezeichnet wird und was Goethe *Bildung und Umbildung* nannte. Dieses vertiefte Form-Erleben kommt mindestens von zwei Richtungen: von dem weiten Feld der biologischen Entdeckungen, vor allem auf dem Gebiet der Embryologie, und von den Entwicklungen der reinen Geometrie und anderen mathematischen Zweigen.

Raum, Zeit und Materie: diese drei fundamentalen Begriffe waren ein wesentlicher Bestandteil des Newtonschen Weltbildes. Der unendliche dreidimensionale Raum war gleichsam bevölkert von materiellen Entitäten, die riesengroß wie die Himmelskörper oder unendlich klein wie das vorgestellte Atom sein konnten und die in bezug auf Größe und Form in sich abgeschlossen waren, ein endliches Volumen und ihr eigenes Zentrum der Gravitation und der Dynamik besaßen. Durch verschiedene Kräfte reagierten sie auf sich selbst und aufeinander, wobei sie sich im Raum umherbewegten und in der Zeit veränderten. Die Wissenschaftler der letzten Jahrhunderte schrieben solchen Entitäten, gleichgültig, ob sie groß oder klein, sichtbar oder unsichtbar waren, mit einem instinktiven Materialismus Bewegungen und Einwirkungen, Anziehungen und Abstoßungen zu, welche denen gleichen, die wir an greifbaren, irdischen Gegenständen beobachten. Das Resultat davon war die moderne Form des Atomismus.

Die Atom-Theorien haben in den letzten fünfzig Jahren manche Triumphe erlebt, allerdings waren es Pyrrhus-Siege, denn die Welt der Atome hat im Laufe der Zeit ihre mechanischen und gemeinverständlichen Attribute verloren, die man ihr zugeschrieben hatte, als sie von einer instinktiv realistischen und sinnlichen Denkweise zum erstenmal konzipiert wurde. Der Fortschritt der Atom- und der Elektronen-Physik hat tatsächlich seit dem Tode Rudolf Steiners bewahrheitet, was dieser in den achziger Jahren des 19. Jahrhunderts als junger Mann in seinen Einleitungen zu Goethes naturwissenschaftlichen Schriften gesagt hatte: daß es philosophisch unsinnig sei, Wesenheiten, die naturgemäß nicht Gegenstände der Sinneswahrnehmung werden können, sinnliche Eigenschaften zuzuschreiben. Die »Partikel« der modernen Physik lassen sich nicht mehr als winzige sinnlich wahrnehmbare Gegenstände vorstellen, die sich überdies auch sinnenfällig verhalten.

Diese grundlegende Veränderung innerhalb der traditionellen Grundlagen der Wissenschaft bleibt nur insofern maskiert, als es der durchschnittliche Wissenschaftler bequem findet, weiterhin an der Fiktion von quasi-sinnlichen Objekten wie berührbaren Elektronen, Protonen etc. festzuhalten. Noch stärker maskiert tritt sie im öffentlichen Bewußtsein auf, denn in der populären Darstellungsform der neueren Entdeckungen wird der naiv-realistische Charakter der atomaren Wesenheiten beibehalten, und wie man zugeben muß, oft in höherem Maße, als mit der intellektuellen Aufrichtigkeit und Wahrheit vereinbar ist.

Das Weltbild von Newton und Laplace, Lavoisier und Dalton war bei all seinem Materialismus innerhalb seiner gegebenen Grenzen durchschaubar und befriedigend. Bei der Unendlichkeit von Raum und Zeit pflegte der Wissenschaftler Halt zu machen und nicht weiterzudringen. Hier stand man vor der Grenze zwischen der Wissenschaft und dem Bereich der Metaphysik und mystischen Ahnung, einer Grenze, über die man sich einig war und die respektiert wurde. Ja, die Existenz dieser Grenze konnte die intellektuelle und moralische Befriedigung, welche die denkenden Menschen der klassisch-materialistischen wissenschaftlichen Weltanschauung entnahmen, sogar noch erhöhen.

Doch das gehört der Vergangenheit an. Der heutige Wissenschaftler ist tiefer in das Sternen-Universum, tiefer in das geheimnisvolle Innere der Materie eingedrungen, indem er die darin verborgenen abgründigen Kräfte buchstäblich »ans Licht« brachte. Und nun ist er in Verlegenheit; denn was er in Sternen und Atomen findet, ist nicht mehr materiell in irgendeinem realistischen Sinne des Wortes: es ist ein reiner Beziehungs-Zusammenhang, ein intellektueller Schatten von spirituellen Gedanken und Taten, die sich dem Menschen bis jetzt entziehen. Unterdessen dringt in ihrer äußeren Form die Wirklichkeit, die zu diesem Schatten gehört, fortwährend auf ihn ein – oft zum Unheil seiner Entdeckungen. Mit seinen Gedanken-Schatten kann er nichts von den ihn umgebenden Dingen hervorbringen – kann weder seinen Hunger stillen, noch die Erde mit elektrischen Strömen umweben. Etwas, was von all seinen intellektuellen Einbildungen unabhängig ist, muß immer noch den Kohlenstoff und das Wasser, den Sauerstoff und das Sonnenlicht für den Aufbau seiner Nahrung liefern; das Kupfer und das Dielektrikum für seine Apparate;

selbst das Uran und den Wasserstoff für seine Atombomben. – Die intellektuellen Abstraktionen der wissenschaftlichen Theorien werden immer dünner und dünner; immer mächtiger, zum Heil oder Unheil, werden die von ihnen aufgedeckten materiellen und sub-materiellen Kräfte.

All das führt dazu, daß die heutige Wissenschaft, ohne die skeptische und undogmatische Geisteshaltung, zu der sie sich bekennt, aufgeben zu müssen, für eine tiefgreifende philosophische Wandlung reif ist. Dabei zeigt sich eine weitere Eigentümlichkeit. Der größte Teil unserer wissenschaftlichen Analyse besteht in der Feststellung von *Formen*, nicht nur von ruhenden Formen, sondern auch von räumlichen und zeitlichen Bewegungsformen, von Formen dynamischer Aktivität wie auch von reinen und einfachen Beziehungsformen. Im Zeitalter Newtons waren die Form-Vorstellungen von der euklidischen Geometrie und vom instinktiven Realismus beherrscht, welcher den in sich geschlossenen und in einem Punkt zentrierten Körpern Wirklichkeit zuschrieb und deshalb denjenigen Formen, die sich mit Materie füllen lassen, den Vorzug gab. Die neuesten Entwicklungen sollten den wissenschaftlichen Geist von diesem Vorurteil befreien. Alle Formen in Raum und Zeit, oder sogar auch rein algebraische Formen der Beziehung, die sich mit den Tatsachen koordinieren lassen, sind heute »wissenschaftlich«, wenn sie den Zweck besser erfüllen als andere. Die wissenschaftlichen Lektionen der beiden letzten Generationen haben den Geist der Wissenschaft erweitert; zumindest *kann* das der Fall gewesen sein. Die beschränkenden materialistischen Konventionen des 19. Jahrhunderts sind nicht mehr verbindlich.

Die Entdeckung des Ätherischen

Neuere Entdeckungen auf anderen Gebieten, vor allem in der reinen Geometrie und der Morphologie der lebendigen Formen, können an dieser Situation in positiver und fruchtbarer Weise anknüpfen. Während die Entwicklungen der modernen Physik (einschließlich der Atomphysik) den wissenschaftlichen Ausblick auf unsere Zeit zu einem Niemandsland, zu einem Reich der unendlichen Möglichkeiten zu machen drohen, in dem man kaum noch eine Orientierung hat, enthält die neue Geometrie mindestens eine grundlegende Idee, in welcher der Keim einer klar umrissenen Weltanschauung ruht. Es ist die Idee der *Polarität innerhalb der Struktur des Raumes*. Diese Polarität ist aber nicht im Sinne der Punkt-zu-Punkt-

Polaritäten der Materie wie beim Stabmagneten oder den positiven und negativen elektrischen Polen aufzufassen, sondern in einer tieferen und subtileren Bedeutung des Ausdrucks. Das Goethesche Erleben in diesem tieferen und universelleren Sinne erfährt in den Gedankenformen der neuen Geometrie seine Wiedergeburt, wobei es von dieser auf ein wissenschaftliches Niveau gehoben wird, wie es zu Goethes eigener Zeit noch nicht möglich war.

Die Zeit Galileis und Newtons neigte dazu, die Menschen für einen bestimmten Aspekt der Natur und der menschlichen Erfahrung, der in Wirklichkeit genauso elementar und natürlich ist, wie es der Bereich der schweren punktzentrierten Körper ist, auf dem das Newtonsche System errichtet wurde, blind zu machen. Dies ist der Aspekt der unermeßlichen Ausdehnung, der expandierenden, nach oben treibenden und sich erhebenden Kräfte, welche die Welt durchdringen. Wir sind nicht mehr weit vom Tag entfernt, wo es als wissenschaftliche Selbstverständlichkeit gelten wird, daß der eine Aspekt ohne den anderen ebensowenig wie das Ausatmen ohne das Einatmen oder die Systole ohne die Diastole möglich ist.

Die unendlichen Fernen des räumlichen Universums waren für die Newtonsche Kosmologie zunächst bloßer leerer Raum. In seiner unendlichen Ausdehnung war der Raum der reine Behälter oder – wie es ein Irländer ausdrückte – eine Kiste, die weder Seiten noch Deckel noch Boden besitzt. Der reale Inhalt dieser Kiste waren die materiellen Gegenstände, mochten sie auch noch so lose eingepackt sein. Daß in der unendlichen Weite *als solcher* etwas wirksam sein könnte, daß es Einflüsse geben könnte, die aus der Himmelsperipherie heraus auf das Zentrum eines jeden Lebewesens zuströmen könnten und nicht nur umgekehrt –etwas derartiges ist der materialistischen Vorstellungskraft nicht eingefallen. (Sie spricht nur von kosmischen Einflüssen, wenn sie von anderen punktzentrierten Körpern, und mögen diese noch so weit entfernt sein, herrühren, etwa von der Sonne oder von Sternen oder von irgendeinem kosmischen Staub, der die interstellaren Räume durchdringt.)

Doch das Vorhandensein solcher Kräfte aus den Raumesweiten ist dem elementaren menschlichen Gefühl nichts Fremdes. Jedermann, der beim Hinaustreten unter den sternenerleuchteten Himmel tiefer atmet, oder wenn er von einer Anhöhe über einen weiten Horizont hin den Sonnenuntergang betrachtet, hat ein intuitives Bewußtsein von diesen Kräften der Ausdehnung. Doch während der letzten fünfhundert Jahre hat eine instinktive Befangenheit die Aufmerksamkeit der westlichen Zivilisation nach der anderen Seite hin gerichtet. Es ist, wie wenn der Zeitgeist das menschliche Denken von den ätherischen Weiten abgelenkt und ihn statt dessen dazu geführt hätte, seine Persönlichkeit dank einer gesteigerten Aufmerksamkeit für die Festigkeit und die Schwere der irdischen Dinge in sich zu konzentrieren. Das bestätigt uns ein Blick auf die dekorativen Künste des 17. und 18. Jahrhunderts: schwerfällige Möbel, die seltsame Überladung mit Ornamenten, die Vorliebe für kugelförmige und schwere Formen, die umso mehr auffällt, wenn man die zarten, nach oben strebenden Formen der gotischen Architektur danebenstellt.

Dies war der Grundzug des menschlichen Raumgefühls während der Entstehungszeit der Newtonschen Kosmologie. Diese Zeit ist zu Ende, und dafür gibt es, nebenbei bemerkt, auch in der modernen Kunst, z.B. in der Skulptur und in der Plastik, Anzeichen. Der Geist der Menschheit ist nun reif, für die ätherische Wirklichkeit, die die Welt durchdringt, wiederum zu erwachen. Dazu ist nur ein klarer wissenschaftlicher Weg erforderlich; der heutige Mensch würde den Boden unter den Füßen verlieren, wenn er nicht in jede neue Erfahrungswelt die bisher gewonnene wissenschaftliche Klarheit mitnehmen könnte.

Ich möchte bezüglich dieses Wandlungsprozesses der modernen Geometrie nur ein oder zwei wesentliche Charakteristika erwähnen. Während des 19. Jahrhunderts entdeckte man, daß die ideale Struktur des Raumes gleichsam selbst-polar ist; daß in dieser Struktur die unendliche Weite, mit anderen Worten, die Ebene, eine gleichwertige Rolle spielt wie die unendliche Zusammenziehung, der Punkt. Deshalb ist es falsch oder mindestens willkürlich, den Raum so vorzustellen, als ob der Punkt allein die Grundwesenheit wäre, von der alle räumlichen Dimensionen ausgehen müssen. Der Raum ist sowohl einwärts als auswärts gebildet; er ist ein Gleichgewicht von expansiven und kontraktiven Bildungsprinzipien.

Von dieser Entdeckung im reinen Gedanken bedarf es nur noch eines weiteren Schrittes zur Einsicht, daß es im realen Universum mächtige Kräfte gibt, deren räumlicher Charakter peripherisch oder ebenenhaft ist, in polarer Antithese zu den zentrischen (Gravitations- und elektromagnetischen) Kräften der Erdenmaterie. Damit steht der Weg zur Wiederentdeckung des Ätherischen offen; die einfachen Naturphänomene werden dann zeigen, daß Empfänglichkeit für das Ätherische das wesentliche Charakteristikum des Lebendigen ist. Eine offene Aussicht erwartet hier den Wissenschaftler, der in den letzten hundert Jahren das verworrene Dickicht von Argumenten und Gegenargumenten durchwandern mußte, das oft unfruchtbar war, wie im Falle der mechanistischen und vitalistischen Erklärungsweisen.

Ich möchte mich in diesem Essay darüber nicht weiter auslassen, sondern einfach zusammenfassen und sagen, daß die dem Raume innewohnende Polarität, die zunächst im reinen Gedanken erfaßt wird nun auch in den wirklichen Naturphänomenen und in den Triebkräften, welche das sich stets wandelnde Landschaftsbild durchdringen, entdeckt werden wird. Zu diesem wissenschaftlichen Schritt ist die Zeit reif. Er fällt mit anderen interessanten Merkmalen der psychologischen Entwicklung und der geistigen Interessen der modernen Menschen zusammen.

Während der letzten hundert Jahre ist z.B. ein neues Interesse an den schlummernden übersinnlichen Erkenntniskräften und an den »übernatürlichen« Erscheinungen, die zum Gegenstand der Parapsychologie wurden, erwacht. Viele der sogenannten »physischen Phänomene« dieses Gebietes werden nicht wunderbar oder widernatürlich erscheinen, wenn die dynamische und geometrische Struktur der ätherischen Kräfte einmal bekannt ist. In diesem Zusammenhang darf wohl ein Fachausdruck verwendet werden, dessen wissenschaftliche Bedeutung offensichtlich wird, sobald die Wirklichkeit der ätherischen Kräfte anerkannt sein wird. Aus dem universellen Feld des Ätherischen, mit anderen Worten, aus dem Peripherischen heraus zieht ein einzelnes Lebewesen einen bestimmten je nach Art mehr oder weniger komplexen und mehr oder weniger kraftvollen Teil in den Brennpunkt seiner physischen Existenz herein. Dieser Teil ist relativ in sich geschlossen, und er bleibt während der ganzen Lebensdauer des betreffenden Lebewesens bestehen, während er gleichzeitig auch in Verbindung mit dem universellen Ätherfeld bleibt. Dieser Teil kann deshalb auch »Äther- oder Lebensleib« des Lebewesens genannt werden, ein Ausdruck, der nicht mehr als Glaubensartikel einer theosophischen oder anthroposophischen Doktrin angesehen werden muß, denn er hat im gegenwärtigen Zusammenhang eine von der Wissenschaft konstatierbare Bedeutung. (»Leib«, »Körper« bedeutet In-Sich-Geschlossen-Sein, jedoch ohne absolute Loslösung vom umfassenderen Feld, aus dem er seine Substanz bezieht. Der gegenwärtige Gebrauch des Ausdrucks »Körper« ist demjenigen auf anderen Gebieten der Wissenschaft, zum Beispiel in der Zahlentheorie, nicht unähnlich.)

In diesem Sinne hat also auch der Mensch selbst einen »Ätherleib«, und man wird nun sehen, daß wenigstens einige der physischen Phänomene der Parapsychologie darauf zurückzuführen sind, daß bestimmte Teile des Ätherleibs des Mediums oder eines anderen menschlichen Trägers von ihren normalen Funktionen abweichen. Die Phänomene der Levitation entstehen durch eine Verlagerung von ätherischen Kräften – und dies geschieht oft auf Kosten der normalen geistigen und körperlichen Kraft –, die in bezug auf die räumliche und dynamische Wirkungsweise in polarem Gegensatz zur Gravitation stehen und die wir im gewöhnlichen leiblichen Dasein und leibesbedingten Wollen fortwährend zur Bewegung unseres Leibes verwenden. Es zeigt sich, daß der scheinbar magische Charakter derartiger Phänomene ursprünglich zum normalen und gesunden Leben jedes Menschen und in unterschiedlichen Graden auch jedes anderen Lebewesens gehört.

Doch wichtiger ist die folgende Tatsache: Die Entdeckung des Ätherischen in der Natur tritt zu einer Zeit auf, in der die Menschen in bezug auf ihre ethischen und ästhetischen Ideale intuitiv nach der Entfaltung von imaginativen Seelenfähigkeiten streben. Heute wird nicht nur im Osten, sondern auch im Westen nach Meditations-Methoden gesucht, durch welche jene Geisteskräfte geweckt werden sollen, die das aktive Leben des Denkens zum Erleben bringen können, selbst wenn dieses Denken nicht mehr vom materiellen Stimulans der Sinneswahrnehmung unterstützt wird.

Um zu beschreiben, was diese neue Etappe des geistigen Strebens für die Naturwissenschaft bedeutet,ist eine kurze Abschweifung nötig, in der die Terminologie erklärt werden soll, die sich nicht vermeiden läßt, wenn man von diesen Dingen auf einfache und natürliche Weise sprechen will.[2] In polarem Kontrast zum zentrischen Bereich von Schwere und Materie können die ätherischen Kräfte der Ausdehnung als Reich des universellen »Lichts« beschrieben werden – im doppelten Sinne des englischen »light«: Licht und leicht. Die heutigen physikalischen Definitionen bringen hier eine gewisse Schwierigkeit mit sich, die aber überwunden werden kann. Genauso wie das Wort »Leichtigkeit« oder »Levitation« in diesem Zusammenhang nicht bloß ein vergleichsweise geringes Gewicht, sondern eine aktive Auftriebskraft bezeichnet, die nicht zentrischen, sondern ebenenhaften Charakter hat, also das qualitative Gegenteil von Gravitation darstellt –, so bezieht sich das Wort »Licht« nicht auf elektromagnetische Schwingungen, sondern auf eine Aktivität ganz anderer Art, die ursprünglich einen peripherischen Charakter aufweist und von welcher jene Schwingungen in gewissem Sinne eine Reflexion, eine Art Resonanz darstellen, die im euklidischen und zentrischen Bereich hervorgerufen wird. Der Zusammenhang ist heute noch nicht völlig klar, doch die Erscheinungen des Lebens und die Ideen der modernen Geometrie deuten mit wachsendem Nachdruck darauf hin, daß es einen solchen Urbereich des »Lichtes« gibt; Goethe hat ihn intuitiv erfaßt, und die okkulten Traditionen haben immer von ihm gesprochen. In allem bewußten Leben lebt die Seele in diesem ätherischen Bereich des universellen »Lichts«. Da, wo dieses Licht von der finsteren Materie zurückgeworfen wird, erwacht die äußere Sinneswahrnehmung. Der Mensch ist sich im materialistischen Bewußtsein nicht des Lichtes selbst, sondern nur dieser Reflexion bewußt. Doch der Gedanke selbst ist wiederum ätherischen Ursprungs und Wesens. Wird das Denken durch meditative Übung verstärkt, dann erwacht es zu seinem eigenen lebendigen Ur-Element. Solange es nur auf die materiellen Erscheinungen angewendet wird, bleibt es im Bann seines eigenen Schattens und wird durch das ihm andere zum Bewußtsein angefacht. Derjenige Gedanke, der nur als unmittelbare Nachwirkung der Sinneswahrnehmung zum Bewußtsein kommt, ist der Welle vergleichbar, die bricht, wenn sie gegen den Strand geworfen wird und im Augenblick ihres Zugrundegehens als Schaum aufglänzt.

Der Mensch ist dabei, für das ätherische Licht, das das Leben der ihn umgebenden Natur durchdringt, aufzuwachen; gerade der Fortschritt der äußeren Wissenschaft bereitet ihn auf diesen weiteren Schritt vor. Und in diesem Augenblick fühlt er sich innerlich gedrängt, etwas hervorzurufen, das tiefer liegt als das Plätschern und Schäumen der dauernd wechselnden, passiv aufgenommenen Sinneseindrücke, und in die Stille hinabzusteigen, wo ihm aus den Tiefen seiner inneren Natur die noch unerschöpfte Quelle universellen Lebens, die ihn als Kind einst »aus dem Überall in das Hier« hereinstellte, plötzlich in bewußtem Erleben hervorbricht.

Polarität von Erde und Himmel

Wir wollen nun versuchen, uns vorzustellen, wie die kosmische Weltanschauung des Menschen einmal aussehen wird, wenn das hier Vorausgesagte, von dem wir, wie gesagt, nicht mehr weit entfernt sind, erreicht sein wird. Das Gefühl einer Befreiung, demjenigen vergleichbar, das zu Beginn der kopernikanischen Ära empfunden wurde, wird auftreten. Die kopernikanische Weltanschauung erhöhte das Selbstbewußtsein des Menschen in der Bewunderung der ihn umgebenden Welten-Weiten und befreite ihn gleichsam durch seine Loslösung von der Welt. Nun wird gerade das Gegenteil eintreten, nämlich eine Befreiung aus seiner Einsamkeit und vom Gefühl der Absurdität angesichts eines gleichgültigen Universums. Der Mensch, der zu diesem ätherischen Einfluß, der aus der Himmelsumgebung auf die Erde niederströmt, erwacht, wird in dieser Lebensquelle etwas erkennen, das mit seinem innersten Ursprung und Wesen verwandt ist.

Noch für eine lange Zeit wird er zu dem, was in seinem irdischen Körper zum Ausdruck kommt, »Ich« sagen. Doch er wird nun anfangen zu wissen, daß dies teilweise Maya ist: daß das wahre »Ich« sich nicht nur da befindet, wo der Körper ist, sondern eins ist mit dem ätherischen Leben des Universums. Beim Übergang vom physischen zum ätherischen Erleben der Welt wird das »Ich«-Gefühl in gewisser Weise umgestülpt oder, mathematisch ausgedrückt, polar-reziprok transformiert. Denn beim ätherischen Erleben ist das »Ich« über die ganze Welt ausgegossen. Dies ist das wohlbekannte Frühstadium mystischer Erfahrung, von dem jedem wahrhaft religiösen Geist eine Spur zuteil wird. Das Gefühl des Einsseins mit der Welt ist auf eine zeitweilige Lockerung des Ätherleibs vom physischen Leib, an den er unter den normalen Bedingungen unserer Zeit eng gebunden ist, zurückzuführen.

Wir berühren hiermit eine Veränderung, die zu ihrer Vollendung lange historische Zeiträume brauchen und auch mit Schmerzen und Gefahren verbunden sein wird. Doch bereits die jetzt dämmernde wissenschaftliche Anerkennung des Ätherischen im räumlichen Universum wird dem modernen Menschen ein neues Gefühl des Einsseins mit dem ihn umgebenden Universum vermitteln, wie sehr er auch noch an den irdischen Körper gebunden bleiben muß. Im Altertum und im Mittelalter war das menschliche Weltbewußtsein etwas Regionales oder Lokales. Zu Beginn der Neuzeit hat es sich in ein Erden-Bewußtsein, ein den gesamten Globus umspannendes Bewußtsein verwandelt. Und so wird es sich heute von einem »Erden-Bewußtsein« in ein »kosmisches Bewußtsein« verwandeln. Das moderne Interesse an der Kosmologie ist ein Symptom dafür. Wieviele Menschen lesen heute gelehrte Bücher über kosmische Strahlungen, ferne Milchstraßen und die Expansion des Universums, wobei sie die wissenschaftlichen Argumente für diese Dinge kaum verstehen können, so populär sie auch dargestellt sein mögen! Doch insofern die Gedankenbilder noch materiell und irdisch sind, wie das bei den meisten orthodoxastronomischen Erklärungen der Fall ist, bleibt auch das von ihnen hervorgerufene Bewußtsein noch ein irdisches.

Der Unterschied liegt nicht in der Größenordnung der Erfahrung, sondern in ihrer Qualität. Eine wahrhaft kosmische Erfahrung, die nicht von wissenschaftlichen Spitzfindigkeiten abhängt, sondern viel ursprünglicher und naiver ist und aus der alltäglichen Wahrnehmung der Natur entspringt, wird auftreten, sobald die weite Himmelsperipherie als ätherischer Ozean erkannt wird, aus dem die geistigen Lebensgaben auf die Erde hereinströmen. Wir werden nicht einfach dadurch, daß wir in den Himmel schauen, und sei es mit Hilfe von Spektroskop und Teleskop, für die Wirklichkeiten des Himmels aufwachen. Das aber geschieht in der Kontemplation der uns auf der Erde umgebenden Lebewesen, von denen jedes einzelne wie ein Brennpunkt des ätherischen und universellen Lebens eigener Art ist und in bezug auf Form, Metamorphose und Wachstumsart die Signatur der peripherischen Kräfte trägt, mit denen es begabt ist.

Es ist eine grundlegende und rein menschliche Erfahrung; damit sie allen etwas feinfühligeren Menschen zugänglich wird, müssen nur die wissenschaftlichen Hemmnisse entfernt werden. Wir können dann beschreiben, was man empfindet, wenn das Ätherische der Weltenweiten in seiner Wirklichkeit erkannt wird, ohne in eine doktrinäre Sprache zurückzufallen und ohne von den einfachen Data der Sinneserfahrung abzuweichen. In diesen hereinströmenden Lebens- und Lichtkräften empfindet der Mensch dasselbe, was man früher die spendende und nährende Gnade des göttlichen Vaters genannt hätte.

Alle schweren Körper werden im materiellen Bereich der Erde vom Untergrund, auf dem sie liegen, getragen. Doch das Leben wird nicht in dieser Art von unten her getragen. Ein Körper, der allein einer solchen Art der Unterstützung bedarf, ist tatsächlich tot und nicht lebendig. Das Lebendige wird von der Peripherie und nicht nur von den zentrischen Kräften getragen. Diese Art der »Unterstützung«, die statt dem Reich der Schwere dem des Auftriebs angehört, ist eine von außen nach innen, von oben nach unten wirkende Stützkraft, und sie ist ein Zeichen der fortwährenden Durchdringung des Körpers mit dem Peripherischen und Kosmischen, – mit den ätherischen Kräften. Letzere sind innerhalb der geistigen Struktur des Universums mit der dauernden Tätigkeit der göttlich-schöpferischen Mächte enger verbunden als es die finstere Welt der Materie ist. Zwar ist auch sie geistigen Ursprungs und Wesens, doch das Göttlich-Geistige ist hier viel tiefer verborgen.

Im Bereich der kalten und gleichgültigen Materie manifestiert sich das Geistige zunächst als die Antithese seiner selbst: der Geist stellt sich das ihm andere, die Negation seiner selbst gegenüber, um dadurch sein ferner gelegenes Evolutionsziel zu erreichen. Gerade im Dasein der trägen Materie liegt das größte Rätsel, nämlich das Rätsel des Leidens und des Bösen. Dagegen finden wir in dem aus den Himmelsweiten herunterströmenden Ätherischen bis auf den heutigen Tag eine direkte Emanation des göttlich-geistigen Lebens, dem das Universum seine Existenz verdankt. Es ist der uralte Lebens-Erneuerer. Gerade deshalb ist das Leben nur etwas Vergängliches, da es nicht auf einer seit dem Zeitenanfang gelagerten und trägen und noch immer gegenwärtigen Substanz beruht, sondern auf einer stets erneuerten Beeinflussung aus einem immateriellen Reich heraus, und es damit vom immer neuen Geschenk der göttlichen Freigebigkeit abhängt.

Sobald der Geist des Menschen einmal für das Ätherische erwacht ist, wird er ganz selbstverständlich gegenüber der Gabe des Lebens eine Flut der Dankbarkeit empfinden. Wiederum empfindet er in eigenem echten Erleben, nicht aus bloßer frommer Konvention oder in Form eines schattenhaften Echos auf das ehrfurchterfüllte Leben einer vorwissenschaftlichen Zeit, wie das tägliche Brot vom Himmel kommt – von der Immanenz desjenigen, was in der schönen Sprache einer alten Zeit der himmlische Vater genannt wurde. So findet er den Weltengrund, der das Leben nicht wie die Materie von unten nach oben, sondern vom Himmel nach innen zu stützt, damit die irdischen Lebewesen nicht zu atomarem Staub zerfallen und sich der Geist nicht im Abgrund verliert, sondern die Waage hält zwischen Schwere und Licht.

Schwebe zwischen Schwere und Licht – das ist das Wesen des menschlichen Lebens, so wie es sich in der heute heraufkommenden kosmischen Erfahrung enthüllt. Denn zu den ätherischen Weltenweiten aufwachen will nicht heißen, daß die irdisch-materielle Ballung, der der Mensch seine Persönlichkeit verdankt, vergessen oder die durch die moderne Technik errungene Erhöhung seiner materiellen Daseinsstufe wieder aufgegeben wird. Es bedeutet vielmehr, daß der Mensch den nötigen Gegenpol gefunden haben wird – wir können nicht sagen: das nötige »Gegengewicht«, da sein Wesen gerade im Gegenteil von Schwere besteht. Mit diesem Gegenpol wird er imstande sein, in einem dem elektromagnetischen Bereich zugewandten Zeitalter seine schicksalhafte Bestimmung, nämlich den Abstieg in die verborgenen Kräfte der submateriellen Bereiche, auszubalancieren. In Zentrum und Peripherie, Schwere und Licht wird er die auch in seinem eigenen Wesen widergespiegelte Polarität des räumlichen Universums entdecken. Er muß als Ausführender der göttlichen Evolutionsintentionen zwischen den Extremen, Materie und Geist, Erde und Himmel, leben. Gerade in der Gestalt und der Polarität seines irdischen Leibes wird er nun die Signatur einer universellen Struktur entdecken.

Durch seine freie und aufrechte Haltung, die Geradlinigkeit seiner Gliedmaßen sowie die einzigartige Weise, in der die Kraftlinien der irdischen Gravitation die Achse seines eigenen Körpers durchziehen, steht er, verglichen mit den übrigen Erdengeschöpfen, in einem engeren Zusammenhang mit den verborgenen Tiefen der Materie, ja sogar den Kräften des

Abgrunds. Gerade dadurch, daß er mit seinen eigenen Willenskräften in diese Erdentiefen hinabsteigt, erreicht er sein wahres Menschsein. Der menschliche Kopf dagegen, das Organ des lichterfüllten und dem Wesen nach ätherisch-himmlischen Denkens, ist, sogar morphologisch gesehen, ein Abbild der sphärischen Form der Himmelsperipherie. In dieser Beziehung ist der Mensch in seiner Kopf-Natur der göttlich-schöpferischen Weisheit, dem Ursprung und Quell aller Dinge, um eine Stufe näher; andererseits verbinden ihn seine Gliedmaßen mit der Zukunft und den unauslotbaren Zielen der Evolution, für welche eine äußere Welt überhaupt da ist.

So entsteht eine Kosmologie, welche Vergangenheit und Zukunft umfaßt und dem Zeitenlauf und dem menschlichen Leiden und Streben, in das ihn sein Erdenschicksal verstrickt, wesentliche Bedeutung verleiht. Durch das Erleben des ätherischen Aspekts der Weltenweiten erwacht der Mensch auch für einen Bereich, der über die begrenzte Zeitspanne seines Erdenlebens hinausgeht. Aus der verwandelten Raum-Erfahrung geht ein neues Zeit-Gefühl hervor. Im Ozean des himmlischen Lichts wird der Mensch wieder näher an seine eigene Geburt und seinen eigenen Tod herangeführt, und zwar nicht als Grenzen, sondern als Tore zu einer anderen Seinsweise. Alle Vorstellungen über die Bedeutung der physischen Inkarnation verändern sich.

Dieses unmittelbare Gefühl des menschlichen Herzens wird durch das Beweismaterial eines anderen Wissenschaftszweigs verstärkt werden. So zeigen die Tatsachen der Embryologie, daß der Bildeprozeß in den frühen Stadien peripherisch verläuft, d.h. den lebendigen Körper von der Oberfläche nach innen zu gestaltet, wie wenn die Keimzelle nicht selbst als eine komplizierte Gestaltungsquelle, sondern als der innerste Brennpunkt eines sie umgebenden Bilde-Raums wirksam wäre. Wie ich bereits in anderen Schriften gezeigt habe, bietet der Begriff des »negativen« oder »ätherischen Raumes« für einen solchen Vorgang eine sehr klare theoretische Grundlage. Bei jeder Lebensform, gleichgültig ob tierisch, pflanzlich oder menschlich, bedeutet die Zeugung eine neue Durchflutung der materiellen Welt mit Leben, das aus kosmischen Quellen strömt. Hat man dies verstanden, so werden die physischen und geistigen Aspekte des Eintritts einer Menschenseele in das Erdenleben in ihrer natürlichen Beziehung erscheinen. Wieder handelt es sich, bis in die Bildung des äußeren Leibes hinein, um ein »aus dem Überall ins Hier« treten.

Der diesbezügliche Unterschied zwischen Pflanze, Tier und Mensch betrifft die Frage, ob und wie diese Gabe universellen Lebens von einem mehr oder weniger individualisierten Seelenleben oder, wie beim Menschen, von einem nach Verkörperung strebenden selbstbewußten Geist begleitet ist. Beim Menschen wird die Bildung des »Ätherleibes« gleichsam zur Arche, in welcher er selbst als eine geistige Individualität aus raum- und zeitlosen Reichen den Himmelsozean durchsegelt, um an einer irdischen Küste zu landen.

Und so ist es auch mit der Pforte des Todes: Wenn der Mensch in die gestirnten Räume nicht wie in eine physische Leere, sondern in ein ätherisches Meer hinausschaut, wird er in eine ganz andere Beziehung treten zu jenem zukünftigen Moment, in dem sein Ätherleib von der physischen Verankerung gelöst und er selbst auf den Schwingen des sich ausbreitenden Äthers wiederum in das Geistesreich, aus dem er gekommen war, hinaussegeln wird.

Der mittlere, rhythmische Bereich

So wird das Aufwachen zum »Ätherischen für den modernen Menschen, der in einer in den Raum gebannten Welt gefangen ist, eine Befreiung bedeuten. Bei all ihrer Unendlichkeit bedeutet die rein physische (euklidische, Newtonsche) Raum-Vorstellung eine Beschränkung und Abtrennung des Geistes vom lebendigen Kosmos. Das ätherische Raum-Erleben wird den Menschen zu einer intimeren Teilnahme am Leben des Zeitlichen befreien. Hier öffnet sich, auch vom wissenschaftlichen Standpunkt gesehen, ein neues Tor. Die ausschließlich physische Wissenschaft, die nur den punktuellen Raum-Aspekt kennt und die Materie nur in ihrem atomistischen Aspekt betrachtet, macht die Zeit zur irreversiblen Koordinaten, durch deren Progression in sich strukturierte und differenzierte Formen nivelliert werden. Weniger wahrscheinliche, aber vitalere Formen machen wahrscheinlicheren, aber weniger vitalen Formen Platz; die Welt rollt dem Endzustand der maximalen Entropie entgegen.

Genau diese Beziehung zwischen Raum und Zeit, in der die vorrückende Zeit wie eine alles verschlingende Flut die Individualität der Form zu vernichten und die Atome in einem trüben Strom zu zerstreuen strebt, verändert sich radikal, sobald das Ätherische als der andere Pol der Raum-Bildung in Betracht gezogen wird. Der Zeitenstrom macht im Ätherischen genau das Umgekehrte; die Individualität der Form wird von der Peripherie nach innen zu immer wieder erneuert. Der Raum ist nicht mit einem bestimmten Quantum von geschaffener Materie angefüllt und von einem

81

unendlichen, aber starren Rahmen umzäunt; in den ätherischen Brenn-punkten, d.h. in den Keim-Zentren neuen Lebens, stehen die Tore für immer offen, und so wird der Raum zum offenen Garten, durch den die Quellen des Lebens ein-und ausströmen.

Für die rein physische Raum-Vorstellung (von Newton zu Einstein) wurde die Zeit mehr und mehr zu einer zusätzlichen räumlichen Dimen-sion gemacht. Das ändert sich, wenn die Polarität des Raumes erfahren wird. Die Zeit und die Polarität des Raumes erklären sich gegenseitig. Daher gab Rudolf Steiner zwei scheinbar verschiedene Erklärungen des ätherischen Leibes. Er bezeichnete ihn einerseits als den *Zeit-Leib*, ande-rerseits von seinem räumlichen Aspekt her als ein hauptsächlich *periphe-risches* Gebilde und als ein Ergebnis von Kräften, die aus den immensen Weiten des räumlichen Universums hereinwirken und die den physischen Leib mit Leben und Gestalt begaben.

Die neue Erfahrung, an deren Schwelle die Menschheit nun steht, wird deshalb auch ein Eindringen in das Innere der Zeit sein, sowohl der indivi-duellen menschlichen Lebenszeit als auch der kosmischen Zyklen und historischen Zeiten. Diese werden während unseres Erdenlebens durch die Rhythmen des Sonnensystems, d.h. die Tage, den Monat, das Jahr, die in-einander verwobenen Planetenzyklen, sowie durch die Präzession der Tag-und-Nacht-Gleiche gemessen. Zwischen dem Fixsternhimmel und den Erdentiefen vermittelt ein Reich der kreisenden, ein- und ausatmenden Be-wegungen. Dabei läßt uns das vereinfachte heliozentrische Weltbild nur allzu leicht das Ein- und Ausatmen vergessen, so daß wir uns nur reine Kreise oder zu Ellipsen leicht modifizierte Kreise vorstellen. An die Stelle des realistischeren geozentrischen Aspekts tritt ein vergleichsweise abstraktes geometrisches Gedankenbild. Doch die wirklichen Erscheinun-gen, d.h. die Planeten mit ihren kreisenden und sich der Erde schleifen-förmig nähernden und sich entfernenden Bewegungen, werden bedeutsam, sobald man erkennt, daß der sichtbare Planet die ungefähre Grenze einer ätherischen Planetensphäre angibt, die zur Erde konzentrisch ist und ent-sprechend seiner Annäherung und seiner Entfernung ein-und ausatmet. Dasselbe gilt, wenn auch in modifizierter Weise, für die Jahreszeiten-Verhältnisse zwischen Erde und Sonne. Dieses viel konkretere organische Wechselspiel wird im modernen Bewußtsein zu ausschließlich von einem geometrischen Gedankenbild, nämlich der Neigung der Erdachse zur Ekliptik, ersetzt.

Die Erkenntnis des Ätherischen wird hier den Weg zu einer noch we-sentlicheren Erfahrung bereiten. Der Mensch wird sich des unmittelbaren

Zusammenhangs zwischen Herzschlag und Atmung bewußt, d.h. zwischen seinem mittleren, rhythmischen Lebenssystem auf der einen Seite und dem mittleren Bereich des Universums, nämlich der Sonne mit dem Planetensystem, auf der anderen Seite. Der Zusammenhang wird aus einem Vergleich ersichtlich. Im Bereich der in der Physik bekannten Polaritäten – wie positive und negative Elektrizität, nach Norden und nach Süden gerichtete magnetische Pole, selbst das Zusammenspiel von kinetischer und potentieller Energie in der Mechanik – entstehen rhythmische Prozesse, und unsere modernen technischen Apparate sind weitgehend auf die Beherrschung dieser Rhythmen zurückzuführen. Doch ob wir das einfache Schwingen des Pendels oder die komplizierteste Harmonik, die elektrischen Wechselströme oder das subtile Pulsieren des elektromagnetischen Feldes betrachten – alle diese Phänomene liegen immer noch innerhalb des irdischen, physisch-räumlichen Bereichs und sind materieller Art oder zumindest eng an das Materielle gebunden. Das Universum, das nicht eine tote isolierte Erde in sich schließt, sondern die in ihrer Beziehung zum Himmel lebendige Erde, ist von einem ganz andersartigen rhythmischen Prozeß durchdrungen, in dem sich das Schwingen des Pendels, um uns dieses einfachen Bildes zu bedienen, nicht mehr entlang einer Linie zwischen zwei Punkten, sondern in konzentrischen Sphären zwischen Zentrum und Peripherie vollzieht.

Das ist die ursprüngliche physisch-ätherische, irdisch-himmlische Polarität, die jene Rhythmen des Ein- und Ausatmens entstehen läßt, durch welche Geist aus den Himmelsweiten in die Materie hinuntersteigt und die materielle Welt in ihren lebendigen Formen nach der Aufnahme des Geistigen strebt; durch welche zu anderen Zeiten Geist und Materie sich in das eigene Gebiet zurückzuziehen suchen. Die Bewegungen der Planeten, die alljährlichen Veränderungen in der Beziehung der Sonne zur nördlichen und südlichen Hemisphäre, der Rhythmus der Mondphasen: all das gehört zu den vielfältigen und subtilen »Sphären-Rhythmen«, durch welche die Erde mit dem Himmel kommuniziert.

Die relative Gültigkeit der physisch-räumlichen kopernikanischen Erklärungen steht hier nicht zur Debatte. In ihrer entwaffnenden Einfachheit wirken diese Erklärungen jedoch wie ein Vorhang, indem sie die Aussicht auf einen anderen und lebendigeren Aspekt verdecken, den man erst dann wissenschaftlich verstehen wird, wenn man die *wechselseitige* Beziehung von Zentrum und Peripherie im räumlichen Universum in Betracht zieht. Ein rhythmisches Zusammenspiel zwischen Polaritäten kann natürlich nicht erkannt werden, solange man sich nur des einen Pols bewußt ist und von der Existenz des anderen keine Ahnung hat. Genau in dieser Lage hat sich der Mensch während der letzten paar Jahrhunderte in bezug auf jene Wirksamkeiten zwischen Erde und Himmel befunden, die dem Leben seines Herzens im Grunde am nächsten stehen. Da er sich einzig des zentrischen, irdischen, gravitationsbestimmten Poles bewußt ist, muß er diese Ebbe und Flut eines kosmischen Lebens jenem wissenschaftlich unerklärten Bereich zuweisen, der mit den tieferen, mehr poetischen Schichten seines Innenlebens zusammenhängt; oder aber er interpretiert das kosmische polare Wechselspiel als Resultat von äußeren und gleichgültigen Ursachen, wie z.B. des Winkels von dreiundzwanzig Grad, der sich zwischen der Äquator- und der Ekliptikebene »zufälligerweise« eingestellt hat.

Am bedeutsamsten wird die Entdeckung des Ätherischen insofern sein, als sie den Menschen für diese Melodien und Rhythmen des Zusammenklangs von Erde und Himmel aufweckt. Denn in diesem Bereich steht die menschliche Seele der göttlichen Beseeltheit des großen Universums am nächsten:

> Komm, Jessica! Sieh, wie die Himmelsflur
> ist eingelegt mit Scheiben lichten Goldes!
> Auch nicht der kleinste Kreis, den du da siehst,
> der nicht im Schwunge wie ein Engel singt,
> zum Chor der hellgeäugten Cherubim.
> So voller Harmonie sind ew'ge Geister:
> Nur wir, weil dies hinfäll'ge Kleid von Staub
> ihn grob umhüllt, wir können sie nicht hören.[3]

In unserer Beziehung zu dem uns umkreisenden Weltenrund, durch welches die Sonne und ihre Schwesterplaneten dem Leben der Erde die himmlischen Kräfte einverweben und sie wieder herausheben, können wir einen menschlichen Bereich erleben, den der Weiseste und der einfachste Mensch gemeinsam haben. Der sich dem lebendigen All öffnende Mensch empfindet in seinem Herzen den Pulsschlag universellen Lebens.

In seinem *Seelenkalender*[4], einem Buch mit Wochensprüchen für eine das ganze Jahr durchlaufende Meditation, versucht Rudolf Steiner zu zeigen, wovon der heutige Mensch in diesem mittleren Bereich ein Bewußtsein entwickeln kann. Es ist der Bereich, in welchem er demjenigen Aspekt des göttlichen und universellen Wesens begegnet, der nicht nur mit der ihm selbst bestimmten Lebensspanne zu tun hat, sondern auch mit den Avatars – der liebevollen Zuneigung der Götter zu den Menschen, die sich von Zeit zu Zeit vollzieht – , ja, der sogar mit dem tiefsten, endgültigen Herabsteigen der Gottheit in das menschliche Leben zusammenhängt. Denn die universelle Liebe bereitete sich im Verlauf der Erdenrevolution darauf vor, den »Winter unseres Mißvergnügens«, wie Shakespeare sagt, zu betreten und mit der Menschheit die Entwicklungsphase der äußersten Verdichtung zu teilen. So ist die Erde seit einem bestimmten Zeitpunkt selbst mit Himmelskräften durchdrungen, und sie empfängt nicht nur vom Himmel, sie antwortet auch mit einer Gabe der Auferstehung.

Das wird auf neue Weise und durch direkte Erfahrung ins Bewußtsein des modernen Menschen dringen, sobald er durch sein Erwachen für das Ätherische jene Kommunion mit der universellen Natur erreicht, zu der die tieferliegenden Impulse des wissenschaftlichen Zeitalters hintendieren. So steht uns eine Erneuerung des Christentums von einer Seite bevor, die im wahren Sinne des Wortes, obwohl man davon in der »evangelischen Tradition« kaum eine Ahnung hat, eine Erfüllung des Evangeliums darstellen wird. In dieser Erfüllung mögen die extremen geistigen Prüfungen des gegenwärtigen Jahrhunderts ihren Sinn und ihre Lösung finden.

Die verborgenen Kräfte in der Mechanik

Die Erforschung der fundamentalen physikalischen Gesetze, angefangen bei der Newtonschen Mechanik, zeigt, daß die Kluft zwischen Lebendigem und Unlebendigem nicht unüberbrückbar ist. Zumindest deuten die Kräfte der Kohärenz auf eine Spur kosmischen Lebens hin, welches sogar in der leblosen materiellen Welt enthalten ist, obwohl sich die heute vorherrschenden Theorien allerdings sehr verändern müßten, wollte man dies in wissenschaftlicher Form ausdrücken. Das scheinbar tote Holz eines Balkens oder eines Sparrens widersteht dank seiner materiellen Kohärenz dem Druck, den es auszuhalten hat. Gefährlich wird es erst, wenn das Holz inwendig durch den Holzwurm pulverisiert wird, dessen Verwüstungen aber darauf hinweisen, daß das Holz, lange nachdem der Baum gefällt worden ist, noch Leben in sich birgt. Selbst bei den Metallteilen unserer Gebäude und Maschinen stoßen wir auf das geheimnisvolle Phänomen, das als »Ermüdung« bekannt ist und auf welches viele tödliche Unfälle zurückzuführen sind. Denn der gesunde Menschenverstand wird doch annehmen, daß, wo Ermüdung auftritt, auch ein Lebewesen sein muß.

Dieses noch keineswegs voll verstandene Phänomen ist ein weiterer Beitrag zu dem, was man meiner Ansicht nach durch ein tieferes Eindringen in die bekannten Gesetze der elastischen Dehnung und der elastischen Spannung zeigen wird, nämlich, daß wir es bei der elastischen Kohärenz mit einer Erscheinungsform nicht nur von physischen, sondern von ätherischen Kräften zu tun haben. Ist »Staub zu Staub« die Formel des Toten, so gilt auch das Umgekehrte. Wo immer Kohärenz, elastischer Spielraum und die »Materialstärke«, auf die sich der Baumeister verläßt, auftritt, da haben wir zumindest ein Echo des kosmischen Lebens, dem alle irdischen Stoffe ihren Ursprung verdanken.

Alles Leben auf der Erde beruht auf dem Wechselspiel zwischen irdischen, zentrischen und kosmischen, peripherischen Kräften. Dies ist die räumliche Qualität der beiden Komponenten, die sowohl den wirkenden Naturkräften als auch der idealen Struktur des Raumes selbst angehören. Sie stehen tatsächlich in der Mitte zwischen Zentrum und unendlicher Weite, zwischen Punkt und Ebene.

Nun offenbart sich diese physisch-ätherische Polarität in ziemlich unerwarteter Weise selbst in der scheinbar materialistischsten aller Wissenschaften – der Mechanik. Davon soll im vorliegenden Essay die Rede sein. Die Tatsache, daß sich diese Wissenschaft als theoretisches System ausschließlich zentrischer Kräfte (Gravitation, Trägheit oder Beschleunigung von sich bewegenden punktzentrierten materiellen Massen) entwickelte, ist mehr auf die historisch herrschenden Denkweisen als auf den wirklichen Charakter der Phänomene selbst zurückzuführen. Der Bereich der Mechanik ist zwar derjenige, in dem das zentrische Element überwiegt, genauso wie bei den Formen des Lebendigen das Peripherische überwiegt, – auf eine so zarte und feine Weise, daß, wie wir sagen, ein »ätherischer« Eindruck entsteht. Doch das Mechanische könnte bei all seiner Gravitation und seinen punktzentrierten Druckkräften ohne die es durchdringenden und erhaltenden peripherischen Kräfte genausowenig existieren, wie die Formen des Lebendigen bei all ihrer unendlichen Zartheit ohne schwere Materie, und sei es noch so wenig, von der das Leben aufgenommen und verkörpert wird, existieren könnten. Ein tieferes Eingehen auf viele der Physik schon längst bekannte Dinge scheint zu bestätigen, was Rudolf Steiner vor langer Zeit seinen wissenschaftlichen Schülern gesagt hatte: nichts in der Natur ist absolut tot und von den kosmischen und ätherischen Kräften, auf denen das Leben beruht, völlig losgelöst.

Ohne Zweifel hat jeder Mensch einmal die reine Form einer mächtigen Baukonstruktion, z.B. die feinen Linien einer Hängebrücke, bewundert. Die Form basiert auf dem Gleichgewicht von statischen und dynamischen Kräften, die der Ingenieur berechnen muß, wenn er zuverlässig und wirtschaftlich bauen soll. Die Brücke ist durch ihrhr Eigengewicht und das Gewicht der von ihr getragenen Fahrzeuge in jedem Augenblick Drucken und Spannungen ausgesetzt, denen ihre Materialien dauernd standhalten müssen. In den Trägern, den Drahtseilen, den Streben und Verbindungsstücken, aus denen die Brücke besteht, steckt Druck und Spannung von mehreren tausend Kilogramm.

Die Form der Brücke ist eine Wirklichkeit des äußeren Raumes; sie kann betrachtet, photographiert und in der Vorstellung erinnert werden. Die inneren Belastungen jedoch sind unsichtbar und unberührbar. Deren Vorhandensein ist uns nur aus der Erfahrung bekannt – nicht zuletzt aus der schmerzvollen Erfahrung einer Katastrophe, wenn sie eben unterschätzt werden. Und doch wird deren gegenseitiges Gleichgewicht und Wechselspiel genau wie die äußere Form von mathematischen und geometrischen Gesetzen beherrscht, und die äußere Schönheit und Harmonie der Konstruktion sind weitgehend auf ein treues Befolgen dieser Gesetzmäßigkeiten zurückzuführen.

Nun sind die Gesetze, welche die Beziehung zwischen der extensiven sichtbaren Form einerseits und den intensiven unsichtbaren Kräften anderseits bestimmen, selbst ein Beispiel des geometrischen Prinzips der Polarität, das in seiner vollen Erscheinungsform mit dem lebendigen Wechselspiel von Physischem und Ätherischem in der Natur zu tun hat. Diese Gesetze sind geometrisch so klar, daß ein geschickter Baumeister oder Ingenieur oft ohne langwierige Berechnungen auskommt und seine dynamischen Probleme mit den mehr imaginativen Methoden seines Zeichners, die allgemein als »graphische Statik« bekannt sind, lösen kann. Das elementarste Beispiel, ja der eigentliche Ausgangspunkt der ganzen Theorie gibt Abb. 1 wieder:

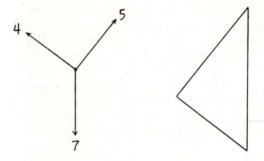

Abb. 1

Das linke Bild zeigt drei Kräfte, die sich gegenseitig die Waage halten, z.B. Zugkräfte, die entlang der miteinander verknoteten Seile ziehen. Die Wirkungslinien dieser Kräfte, die auf denselben materiellen Körper ein-wirken (in diesem Fall den Knoten), müssen sich, wenn sie sich die Waage halten sollen, in einem *Punkt* treffen und auch in derselben *Ebene* liegen, – ein Phänomen, mit dem wir in vielen Handlungen fast unbewußt rechnen. Es ist bedeutsam, daß Punkt und Ebene von allem Anfang an in solcher Weise gemeinsam auftreten. Außerdem müssen die relativen Kraftintensi-täten den Winkeln zwischen ihren Wirkungslinien angepaßt sein. Wir haben es hier also bereits mit einer Beziehung zwischen äußerer Form und unsichtbarer Kraft zu tun.

Auf der Abbildung stehen die Kraftintensitäten im Verhältnis von 7:5:4. Wir haben zum Beispiel ein senkrecht hinunterhängendes Gewicht von 7 kg; dieses wird von zwei schiefen Seilen in derselben vertikalen Ebene gehalten, deren Spannungen – sie können etwa durch Federwagen, die in ihrer Längsrichtung eingesetzt sind, gemessen werden – 5 kg bzw. 4 kg entsprechen würden. Die gegenseitige Anpassung von relativer Intensität und äußerer Form hat eine solche Gestalt, daß, wenn wir ein Dreieck zeichnen, dessen Seiten zu den Kraftlinien parallel sind (rechte Seite Abb. 1), die sichtbaren Seitenlängen sich zu den Kraftintensitäten exakt proportional verhalten.

Dieses sogenannte »Kräfte-Dreieck« ist natürlich nur eine Variante des bekannteren »Kräfte-Parallelogramms«. Man sollte sich dessen bewußt sein, daß diese mathematisch so durchsichtige Wahrheit durch keinen Prozeß des menschlichen Nachdenkens zu gewinnen gewesen wäre. (Leider wird das in vielen Lehrbüchern nicht klar gemacht.) Sie ist das Ergebnis von Erfahrung und bewußt herbeigeführtem Experiment.

So finden wir bereits an der Schwelle der Wissenschaft, was sie als ganzes durchdringt, sofern sie überhaupt mit der materiellen Welt zu tun hat und sich in mathematischen Formen ausdrücken läßt. Der größte Teil unserer Wissenschaft ist von mathematischer und geometrischer Denkweise durchdrungen. Zum Teil ist dieses mathematische Element tatsächlich Ergebnis des reinen Nachdenkens. Wir müssen kein Experiment machen, um uns davon zu überzeugen, daß zwei und zwei vier sind oder daß das Theorem des Pythagoras wahr ist. Alle Wahrheiten, die wir in der Geometrie und der Arithmetik (einschließlich der Algebra etc.) kennen, werden aus dem reinen Denken entwickelt. Das gilt auch noch, wenn wir ein zeitliches Element in die Geometrie einführen und z. B. an Geschwindigkeiten und Bewegungsformen denken. So können wir zur Arithmetik und zur Geometrie noch einen dritten Wissenschaftszweig hinzufügen – die als »Kinematik« (vom griech. Wort für Bewegung) bekannte Wissenschaft. Sie ist die Theorie der Bewegung in ihrem rein formalen Aspekt, ganz abgesehen von der Frage, welche Dinge in Bewegung sind oder welche Kräfte sie verursachen oder aus ihr resultieren.

Arithmetik, Geometrie und Kinematik sind also Wissenschaften, die der Mensch in seinem Innern wenigstens potentiell bereits fertig mit sich bringt, wenn er anfängt, die äußere Natur zu erforschen. Sie sind natürlich niemals vollkommen ausgebildet, und die Rätsel, die die Natur vor den Menschen hinstellt, können ihn in der Tat oft dazu anspornen, sie weiter zu entwickeln. Doch was er auf irgendeiner Stufe von diesen Wissenschaften weiß, weiß er kraft reinen und einfachen Denkens; seine Erkenntnisgewißheit hängt nicht von äußeren Beobachtungen ab.

Während der Mensch über die Natur und seinen praktischen Umgang mit ihr nachdenkt, zählt und berechnet er im Geiste fortwährend; er stellt geometrische und kinematische Überlegungen an, und er fühlt sich in der Natur umso mehr zu Hause, je mehr sie auf sein Nachdenken antwortet und es bestätigt. Doch im Bereich ihrer materiellen, lebendigen oder unlebendigen Wesenheiten und Kräfte findet er sehr vieles, das er nur durch Beobachtung und Experiment erkennen kann. Das Bemerkenswerte ist, daß die Natur in der anorganischen und, wie die Biologen entdecken, weitgehend auch in der organischen Welt ebenfalls von mathematischen Gesetzen bestimmt ist. Doch diese Gesetze lassen sich zunächst nur auf äußere, empirische Weise erkennen. Es kann uns mit Staunen erfüllen, wenn wir diese mathematischen Harmonien entdecken; wir verlassen uns auf sie, stützen unsere Berechnungen auf sie, doch wir müssen uns dessen bewußt bleiben, daß wir unser Wissen von diesen Gesetzen letztlich dem Experiment und der Beobachtung verdanken und nicht unserer eigenen selbständigen Denkkraft.

Bereits auf der Schwelle zur Wissenschaft der Mechanik begegnen wir diesem Unterschied, denn auch die kinematischen Bewegungen werden von einem Dreiecks- oder Parallelogramm-Gesetz beherrscht, welches formal mit dem für die Kräfte geltenden exakt übereinstimmt. Wenn ein Mensch auf dem Deck eines fahrenden Schiffes von links nach rechts geht, so wird seine zur nahen Küste relative Bewegung von einer Parallelogramm-Konstruktion bestimmt. Diese Wahrheit ergibt sich aus dem reinen Licht der Vernunft, während die Wahrheit des Kräfte-Parallelogramms nur vermittels des Experiments erkannt wird, obwohl unser mathematisches und unser schlußfolgerndes Denken diese einmal vollzogene Erkenntnis ergreift, sich in ihr zuhause fühlt und sich in der Praxis auf sie verläßt.

Da Kräfte mit dem dynamischen Bereich zu tun haben, können wir den drei oben hervorgehobenen Wissenschaften nun die Wissenschaft der *Dynamik* zur Seite stellen. Es kann von ihr gesagt werden, daß sie das Tor zur eigentlichen Physik aufschließt, während die drei zuerst genannten, wie das vor der Geburt der modernen Wissenschaft während Jahrtausenden der Fall war, im Bereich reiner Philosophie und Dialektik betrieben werden können.

Kurz nach der Eröffnung der ersten Waldorfschule in Stuttgart, in den Jahren 1919-21, gab Rudolf Steiner für Wissenschaftler und Lehrer wissenschaftlicher Fächer besondere Vortragskurse. Von Anfang an wies er auf die Tatsache hin, daß zwischen der Kinematik und der Dynamik eine Bewußtseinsschwelle liegt. Nicht daß das Verhalten materieller

90

Massen, Gewichte und damit verwandter Kräfte etwa weniger von mathematischer Harmonie erfüllt wäre als die reine Geometrie mit ihren Bewegungsformen. Aber das menschliche Bewußtsein steht zu diesen beiden Wissenschaften in einem anderen Verhältnis.

Schon das einfache Nachdenken ergibt, daß der gesamte Bereich von Materie und Gewicht eine Kraft enthält, welche potentiell immer anwesend ist und welche das menschliche Bewußtsein, wenn auch vielleicht nicht das höchste geistige Bewußtsein des Hellsehers, so doch jedenfalls das Tagesbewußtsein, das sich des physischen Leibes bedient, aufhebt. Die Materie ist auch in dieser Beziehung mit der Finsternis verwandt, und tatsächlich sind auch die meisten Stoffe lichtundurchdringlich. So trägt sie auch die Tendenz in sich, das Licht unseres Bewußtseins zu verdunkeln. Sie übt auf unseren Körper Druck aus: wenn wir zufälligerweise an eine Wand stoßen oder von einem fallenden Stein getroffen werden, ist der Druck an entsprechender Stelle intensiv und verursacht Schmerz; doch wenn er ein bestimmtes Maß überschreitet, verlieren wir das Bewußtsein. Allgemein ausgedrückt: alles, was die Qualität des Lichts in sich trägt, hat die Eigenschaft, Bewußtsein zu erwecken, Finsternis und Materie die Eigenschaft, dieses zu vermindern.

Die mathematischen Harmonien manifestieren sich nach zwei Richtungen hin. Für die eine ist unser Denkbewußtsein hellwach; das gilt für die Zahl und die reine Struktur von Raum und Zeit. In der anderen Richtung, durch die unser Denkbewußtsein verdunkelt wird, liegen die anscheinend undurchdringbare »Realität« der Materie sowie die ponderomotorischen Kräfte. Letztlich hängt dieser Unterschied mit der im Menschen vorhandenen Polarität zwischen Gedanke und Wille zusammen. Unser Denken lebt im Licht der Weisheit. Aber mit dem Gedanken allein haben wir keine Kraft, auf die äußere Wirklichkeit einzuwirken. Unser Wille wirkt durch unseren Leib, d.h. durch die Gliedmaßen und den Stoffwechsel, aber er erlangt seine Wirksamkeit nur dadurch, daß er in die Tiefen des organischen Lebens hinuntersteigt, für die unser Bewußtsein – glücklicherweise, denn andernfalls hätten wir wahrscheinlich die größten Schmerzen – schläft.

Die Einsicht in die physikalischen Gesetze führt zur Überzeugung, daß die Polarität, die sich im Menschen als »Gedanke und Wille« manifestiert, auch der Schlüssel zur Struktur des Universums ist, insofern diese in Raum und Zeit zur Erscheinung kommt. Wie wir wiederholt erklärt haben, beruht die Struktur des reinen Raumes auf der Polarität von Zentrum und Peripherie oder Punkt und Ebene. In dieser Polarität ist der Punkt offensichtlich mehr mit der dunklen Materie verwandt. Die physikalischen Gesetze betreffen vor allem derartige Punkt-Zentren wie Massen- oder Gravitationszentren, Druck- und Stoß-Zentren, elektrische und magnetische Pole als ideelle Zentren sowie auch die punktuellen Entitäten der Atomphysik. Andererseits ist die Peripherie, die Ebene mit der Qualität der Ausdehnung, mehr mit dem Licht verwandt, obwohl zugegeben werden muß, daß das auf der jetzigen Stufe der Wissenschaft im einzelnen weniger leicht zu erklären ist. Doch in bezug auf den reinen Raum ist der geometrischen Vorstellungskraft sowohl der Punkt wie die Ebene als auch die wunderbar weise Polarität, die zwischen ihnen herrscht, zugänglich. Selbst die Gesetze der Physik, die hinausgehen über die Grenze zwischen Gedanke und Wille oder zwischen Form und der sie erfüllenden Materie oder zwischen reiner und einfacher Bewegung und den wirklichen Kräften, die im Spiel sind, sobald wirkliche Materie bewegt wird, enthalten auf tieferer Stufe eine ähnliche Polarität.

Es gibt in der Struktur der Welt nicht nur Polarität; es gibt auch Polaritäten *von* Polaritäten, Polaritäten *innerhalb* von Polaritäten und Polaritäten verschiedener Seinsschichten, die miteinander im Wechselspiel stehen. Die Struktur des Raumes selbst enthält der Möglichkeit nach positive und negative, physische und ätherische Räume oder, nach einem Ausdruck von Rudolf Steiner, »Raum und Gegenraum«. Doch dies ist auch der Schlüssel zu demjenigen, was über die bloß räumliche Form hinausgeht, d.h. zu den wirklichen Prozessen der greifbaren und sichtbaren Welt, die sowohl Form als auch Kraft beinhalten; denn diese beiden Elemente sind immer vorhanden. Wir kennen die extensive Form eines Kristalls oder der Bahn eines Satelliten oder einer Wirbelbewegung in der Luft oder im Wasser. Doch sofern es sich um reale Dinge und nicht bloß um Gedankenformen handelt, liegen tief verborgen in diesen Dingen die intensiven Realitäten der Kräfte.

Die Polarität ist nicht nur räumlicher Natur; sie hat auch mit der Zeit, mit Vergangenheit und Zukunft zu tun. Denn in den *Kräften* der materiellen Welt ist immer eine potentielle schöpferische oder destruktive Qualität vorhanden, – d.h. aus dem Kräftespiel entsteht die Zukunft. Dagegen sind die *Formen* – jedes Felsens, jedes Kristalls, jedes Baumes, jedes Blatts im Sommer – Zeugnisse einer vergangenen Wirksamkeit. Wenn wir die Formen der Welt am Sternenhimmel oder in Urgebirgsketten betrachten, so rufen sie in uns Gefühle des Staunens und der Ehrfurcht hervor und erinnern uns an die Taten der weisen Götter, welche aus der Vergangenheit in die Gegenwart herein reichen. Wo wir dagegen den aktiven Kräften der

Welt begegnen oder uns durch unsere Taten und Entscheidungen selbst mit ihnen verbinden, da betreten wir den dunklen Schoß der Zukunft. Die heutigen Formen sind Zeugnisse der gestrigen Kräfte; die heutigen Kräfte gestalten (oder verderben) die Formen von morgen.

Daß zwischen der Polarität von Form und Kraft (oder Vergangenheit und Zukunft) und jener von Zentrum und Peripherie in der Struktur des Raumes eine innere Verwandtschaft vorliegt, wird schon aus dem primitiven Beispiel auf Abb. 1 ersichtlich. Da Form und Proportion durch die Rotation nicht verändert werden, können wir das Dreieck auch so zeichnen, daß seine Seiten im rechten Winkel zu den Kraftlinien stehen, was der Form nach eine zentrisch-peripherische Beziehung darstellt (Abb. 2).

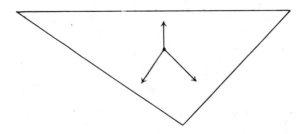

Abb. 2

Darin liegt eine viel tiefere Bedeutung als auf den ersten Blick erscheinen mag. Wir sehen, wie die drei Kraftlinien radial auseinanderstreben, während die Geraden des Dreiecks, dessen extensive Längen die relativen Kraftintensitäten repräsentieren, die Peripherie eines dreieckigen ebenen Feldes bilden. In einer Baukonstruktion wird es eine ganze Reihe von Verbindungsstellen geben, an denen sich zum Beispiel drei oder mehr Träger treffen. Deren Druck- und Spannungsunterschiede müssen sich an jeder Verbindungsstelle gegenseitig die Waage halten. Zeichnet man das Kräfte-Dreieck (oder falls mehrere Kraftlinien vorhanden sind, das Kräfte-Polygon) für die Verbindungsstellen, so muß man nicht für jede von ihnen wieder eine besondere Figur anfertigen. Im 19. Jahrhundert wurde die sogenannte »graphische Statik« oder noch spezieller die Methode der »reziproken Kräfte-Diagramme« entwickelt, eine Methode, von der Architekten und Ingenieure bis auf den heutigen Tag dauernd Gebrauch machen. Die fundamentale Konstruktionsstruktur einer über eine Schlucht gespannten Brücke stammt aus dem Absatz über Brücken in der

9. Auflage der Encyclopedia Britannica (unterer Teil von Abb. 3); ich habe
das darüberstehende Kräfte-Diagramm dazugefügt.

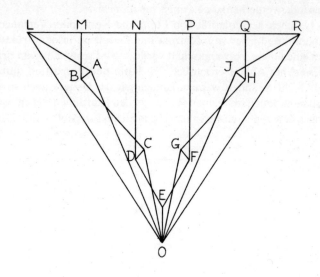

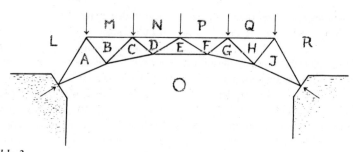

Abb. 3

Die nach unten gerichteten Pfeile zeigen gleiches Gewicht an, welches
ungefähr an den Verbindungsstellen lokalisiert ist. Die schräg nach oben
weisenden Pfeile stellen die Stützkraft an den beiden Stützpfeilern dar. (Es
ist nicht versucht worden, die Längen der Pfeile den Proportionen dieser
Kräfte anzupassen.) Das obere Bild, auf dem wie auf Abb. 2 jede Linie im

94

rechten Winkel zur entsprechenden Linie der realen Struktur steht (einschließlich der Linien der *äußeren* Kräfte), ist das Kräfte-Diagramm.

Die Länge jeder Linie ist in diesem Diagramm proportional zur relativen Intensität der Kraft, d.h. des Drucks oder Zugs entlang der entsprechenden Linie im unteren Diagramm. Geht man daher von den Gewichten, die getragen werden müssen (nach unten weisende Pfeile) so wie von den Richtungen der beiden Stützkräfte aus, so kann deren Größe sowie die Belastung in jedem Träger direkt gemessen werden, entsprechend dem freigewählten Maßstab im oberen Diagramm. Es gibt einfache Methoden, um herauszufinden, ob die Belastung in irgendeinem Teil Druck oder Zug, mit anderen Worten, ob er als »Stütze« oder »Strebe« wirkt.

Die »radiale und peripherische« Beziehung zwischen den beiden Diagrammen, von denen das eine die sichtbare Konstruktion, das andere die Beziehung ihrer unsichtbaren Kräfte wiedergibt, geht unter anderem aus der Buchstabenbezeichnung hervor. In beiden Diagrammen finden wir dieselben Buchstaben A bis J; L, M, N, P, Q, R, und O. Doch während sie im unteren Diagramm den dreieckigen oder sonstigen *ebenen Feldern* zugeordnet sind, die zwischen den Trägern oder zwischen diesen und den Linien der äußeren Kräfte liegen, welche sie auszuhalten haben, bezeichnen sie im oberen Bild die *Punkte*. Zum Beispiel entspricht der Träger, der im unteren Diagramm die Grenze zwischen den *Feldern* B und C darstellt, der Linie, die auf dem oberen Diagramm die *Punkte* B und C verbindet. Die relative Länge dieser Linie zeigt uns die Größe des Drucks in diesem Träger. Wir können aus dem Kräfte-Diagramm mit einem Blick entnehmen, welche Träger am wichtigsten sind, da sie den stärksten Druck oder den höchsten Zug aushalten, und welche von ihnen mehr eine Hilfsfunktion haben, wie z. B. AB oder CD, denn im oberen Diagramm entsprechen ihnen nur sehr kurze Linien. Dieser Sachverhalt leuchtet beim Betrachten der Form einer Brücke dem gesunden Menschenverstand mehr oder weniger unmittelbar ein. Durch diese Methode wird ja nur dasjenige, was ein wirklichkeitsbezogener Mensch oft instinktiv erkennen und in Betracht ziehen wird, in wissenschaftliche Präzision umgesetzt.

Doch man muß daran denken, daß das Diagramm nur für die gegebene Gewichtsverteilung stimmt. Die Gewichte sind letztlich die Voraussetzung; es ist der *Zweck* der Brücke, sie zu tragen. Die Symmetrie des Diagramms beruht nicht auf der Brücke als solcher, sondern auf der Symmetrie der angenommenen Gewichtsverteilung. Falls ein schwerer Lastwagen z. B. auf dem Punkt zwischen M und N steht, so werden die Stützkräfte an den Pfeilern ihre Richtung ändern müssen, um dem nun asymmetrischen Gewicht begegnen zu können. Um darzustellen, wie das geschieht, muß ein neues Diagramm gezeichnet werden, und dieses wird asymmetrisch sein. Was im wirklichen Vorgang unsichtbar und intensiv ist (nicht der Lastwagen, sondern sein Gewicht und die durch es veränderten Belastungen), wird im Gedankenbild zur äußeren Form. Jede Asymmetrie, die im wirklichen Vorgang unsichtbar, aber gefühlsmäßig bewußt ist, wird im Gedankenbild zu einer sichtbaren und geometrischen Asymmetrie.

Wie man auch bemerken wird, entsprechen die äußeren Kräfte (die Gewichte und die Tragkräfte), die sich radial auf die reale Konstruktion zubewegen, den Linien, welche auf dem oberen Diagramm die Peripherie, das umhüllende Dreieck bilden. Das Erstaunliche ist nun, daß die Beziehung zwischen dem oberen und dem unteren Diagramm von Abb. 3 im wesentlichen eine *wechselseitige* ist. Wir hätten ebensogut im oberen Diagramm die Ebenen-Felder und im unteren die Punkte mit Buchstaben bezeichnen können. Richtig interpretiert und entsprechend modifiziert könnte das obere Diagramm als Darstellung einer Baukonstruktion (in unserem Fall zwar nicht einer sehr brauchbaren, doch immerhin einer solchen, von der gewiß ein Arbeitsmodell hergestellt werden könnte) betrachtet werden, auf die gewisse äußere Kräfte einwirken. In diesem Fall würden die Längen der Linien im unteren Diagramm über die relativen Belastungen im oberen Auskunft geben. – Die Kräfte-Diagramme werden aus diesem Grund als »reziprok« bezeichnet. Was auf dem einen Bild unsichtbare und intensive Kraft ist, wird im anderen in äußere Form übersetzt; doch falls das erstere den wirklichen Gegenstand darstellt, der Kräften unterworfen ist, die er im Gleichgewicht hält, so würden die sichtbaren Proportionen des letzteren seine unsichtbaren Belastungen repräsentieren.

Die Beziehung einer Baukonstruktion zu ihrem Kräfte-Diagramm ist sehr nahe mit der Punkt-Ebene-Polarität der projektiven Geometrie verwandt, wenn sie mit ihr auch nicht identisch ist.

Die theoretische Begründung der zuerst von Ingenieuren, vor allem von dem Engländer R.H.Bow entwickelten Methode wurde später von zwei der größten Wissenschaftler des 19. Jahrhunderts erarbeitet. Der eine war Clerk Maxwell, berühmt für seine Forschungen über Elektrizität und Magnetismus, der Mann, der als erster die Existenz von Radiowellen aus theoretischen Gründen voraussagte. Der andere war ein reiner Mathematiker, Luigi Cremona, auf dessen Einfluß es weitgehend zurückzuführen ist, daß Italien während fast hundert Jahren und bis auf den heutigen Tag einer der Schwerpunkte in der Entwicklung der neuen Geometrie geworden ist.

Maxwell und Clerk wandten völlig verschiedene Methoden an. Diejenige Maxwells führt direkt zur rechtwinkligen Darstellung, wie sie auf Abb. 2 und 3 zu sehen ist; Cremonas Methode zur Paralleldarstellung auf Abb. 1, welche in der Praxis häufiger angewendet wird. Doch beide leiteten ihre Methode aus der reinen projektiven Geometrie ab.

Doch der Zusammenhang dieser Dinge, auf die mancher Idealist fälschlicherweise als auf etwas »bloß Mechanisches und Irdisches« herabschaut, mit der geistigen Struktur des Universums, dem der Mensch angehört, reicht noch tiefer. Es handelt sich, wie ich angedeutet habe, um eine Polarität von »Licht und Finsternis«, die in ihrem räumlichen Aspekt zu Ausdehnung und Zusammenziehung oder Peripherie und Zentrum, in ihrem zeitlichen Aspekt zum Weltenstreben zwischen Vergangenheit und Zukunft wird. Der eine Aspekt dient dem andern, was nirgends deutlicher zum Ausdruck kommt als in den Gesetzen der Mechanik, wenn diese im Lichte der Erkenntnis des 20. Jahrhunderts neu formuliert und interpretiert werden.

Auch ein anderes Beispiel zeigt auf erstaunliche Weise, wie wir es hier nicht nur mit den physischen, sondern auch mit den ätherischen Räumen zu tun haben. Ich meine den Fall, in dem alle äußeren Kräfte, die auf eine mechanische Konstruktion einwirken, in einem einzigen Punkt zusammenlaufen oder aus einem einzigen Punkt auseinanderstreben. Die Kräfte müssen nicht materiell mit ihm verbunden sein, der Punkt kann z. B. mitten in der Luft schweben. Doch werden ihre Wirkungslinien verlängert, so müssen sie sich in einem einzigen Punkte treffen.

Abb. 4 zeigt ein einfaches Beispiel. Der wie eine steile, umgekehrte Pyramide aussehende Rahmen könnte man sich als aus leichten, nichtdehnbaren Stäben oder aus Drähten bestehend vorstellen, die gewisse Spannungen ertragen. Wiederum deuten die Pfeile auf die äußeren Kräfte, der senkrechte Pfeil repräsentiere ein Gewicht, das über den Rahmen von vier schrägen Drähten getragen wird, die oben irgendwo befestigt sind. Obwohl diese fünf äußeren Linien zunächst nur an den Ecken der Pyramide befestigt sind, werden sie, wenn sie verlängert werden in dem im Innern angegebenen Punkt zusammen treffen. Ist die Form der Konstruktion einschließlich der tatsächlichen Richtungen der vier schrägen Linien, an welchen sie hängt, gegeben, so wird die Größe des aufgehängten Gewichts sowohl die Tragkräfte als auch die Spannungen in allen acht Pyramidenkanten bestimmen. Dies wird auch dann der Fall sein, wenn die Formen der Pyramide völlig asymmetrisch sind.

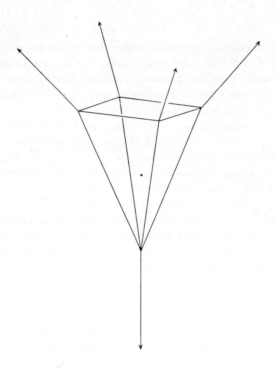

Abb. 4

Auch hier gibt es graphische Methoden, mit denen man das ausarbeiten kann. Eine solche stammt von Macquorn Rankine, dem hervorragenden schottischen Physiker und Ingenieur aus Glasgow[1]. Ich werde hier auf ihre Darstellung verzichten und lediglich erzählen, was ihnen entspricht. Das ist mit einer gewissen Überraschung verbunden.

Wie wir wissen, existiert so etwas wie ein »ätherischer Raum« wirklich. Der uns vertraute Raum wird von einer einzigen Ebene bestimmt, nämlich von der »unendlich fernen Ebene«. Sie ist die unendliche Himmelssphäre. Obwohl diese Ebene unendlich weit entfernt ist und dem naiv-irdischen Erleben als reines, leeres Nichts erscheint, ist sie in Wirklichkeit der wesentlichste Faktor zur Bestimmung aller irdischen Formen, ja, sie ist sogar auch beim Gleichgewicht aller irdischen Kräfte im Spiel. Der »ätherische« oder »negative« Raum ist eine Umkehrung unserer gewöhnlichen Art von Raum, wobei Punkt und Ebene, Inneres und Äußeres nicht nur örtlich, sondern auch in bezug auf die Form-Qualität und die Art, in der wir sie sehen und erfahren, miteinander vertauscht sind. Jeder ätherische Raum, und in der Natur gibt es unzählige solche Räume[2], fordert im

Innersten einen *Punkt*, der wie ein Same oder ein Brennpunkt und als Unendlichkeit wirksam ist. Genau dasselbe vollbringt im physischen Raum, der, solange wir in einem physischen Körper leben, für die menschliche Vorstellung das Naturgegebene ist, die äußerste und »unendlich ferne« *Ebene* des Raums. Sich einen »ätherischen Raum« vorstellen zu lernen, ist wirklich ein Mittel, mit dem wir die Abhängigkeit unseres Bewußtseins und unseres Selbstgefühls vom physischen Körper ziemlich vermindern können.

Wir wollen nun davon ausgehen, daß wir uns die wirkliche Konstruktion, die auf Abb. 4 abgebildet ist, vom Aspekt des ätherischen Raumes aus vorstellen, der durch den inneren Punkt, in dem sich die äußeren Kräfte treffen, bestimmt wird. Wir haben dieselbe Form vor uns wie vorher, doch wir werden sie nun auf eine neue Weise beurteilen. Dazu müssen wir zuerst etwas in sie hineinnehmen, woran wir zunächst wohl kaum gedacht haben, nämlich gerade die weit entfernte kosmische Ebene, die wir vom physischen Standpunkt als »unendlich fern« bezeichnen, die nun aber gerade das Gegenteil ist. Wir sind mit unserem Vorstellungsvermögen in ihr drinnen, sie ist sozusagen das naturgegebene »Mutter-Feld« unseres Kosmos, von dem aus wir als ebenenhafte Wesen zu unserer Reise *nach innen* antreten. Diese Ebene in unsere Vorstellung von der Baukonstruktion einzuschließen, ist nicht so unrealistisch wie auf den ersten Blick scheinen mag. Der Pyramiden-Rahmen auf Abb. 4 besteht aus acht Kantenlinien; wir wollen unter anderem herausfinden, wie groß die relativen Spannungen in diesen acht Linien sind. Verlängern wir die acht Linien nach beiden Richtungen zur kosmischen Ebene hinaus, so werden sich acht »unendlich ferne« Punkte ergeben, nämlich ein und derselbe Punkt für zwei entgegengesetzte Richtungen.

Nun wollen wir für einen Moment zu Abb. 4 zurückkehren, so wie sie mit dem gesunden Menschenverstand im gewöhnlichen Raum wahrgenommen wird. Wenn die äußeren Linien verlängert werden, so daß sie sich im Punkt im Innern schneiden, so ist sogleich ersichtlich, daß die acht Kantenlinien der Pyramide, wenn ihre Ecken so mit dem inneren Punkt verbunden werden, acht dreieckige, ebene Flächen ergeben, die sich alle in diesem einen Punkt schneiden. Jedes dieser Dreiecke hat einen bestimmten Flächeninhalt. Man füge die Flächeninhalte der fünf Pyramidenoberflächen dazu (vier davon sind dreieckig, die oberste quadratisch oder rechteckig), und wir erhalten dreizehn Flächeninhalte, deren Proportionen wir messen können. Nun ist dreizehn genau die Anzahl von Kräften, deren gegenseitige Proportionen wir herausfinden möchten. Die Anzahl ist zwar dieselbe, doch würden uns diese Flächeninhalte bestimmt nichts darüber sagen.

Wenn wir andererseits zu unserem von innen nach außen gestülpten »ätherischen« Raum zurückkehren, so werden wir erkennen, daß wir auch hier nicht dreizehn Ebenen, sondern Punkte bekommen, nämlich die acht Punkte in der kosmischen Ebene, von denen wir soeben gesprochen haben, und die fünf Ecken der Pyramide. Nun ist im ätherischen Raum, verglichen mit dem physischen, alles umgekehrt. Darin liegt die scheinbare Schwierigkeit; wir müssen tiefverwurzelte Denkgewohnheiten überwinden; wir müssen die Qualität unseres räumlichen Denkens verändern. Denn hier sind die Flächeninhalte, die geschätzt und genau gemessen werden können, nicht in Ebenen, sondern in *Punkten* enthalten. Es handelt sich um *intensive* Flächeninhalte. Sie werden von Ebenen, die sich um die betreffenden Punkte bewegen und in ihrer Bewegung die »Unendlichkeit im Innern« einhüllen, beschrieben.

Die Punkte, in denen die acht Kanten der Pyramide die kosmische Ebene schneiden, geben uns aufgrund der Flächeninhalte, die sie tragen, Aufschluß über die Spannungen in diesen verschiedenen Kanten-Linien. Die Flächeninhalte sind *triedrisch* und werden von drei Ebenen (eine davon ist die kosmische Ebene) begrenzt, welche sich im gegebenen Punkt schneiden – genauso wie vorher die ebenen Flächeninhalte *dreieckig* waren. Jeder der fünf Eckpunkte der Pyramide trägt einen anderen »intensiven Flächeninhalt«; dieser gibt die Intensität der äußeren Kraft an, die an diesem Punkt auf die Konstruktion wirkt. So haben wir alle dreizehn Kräfte in Betracht gezogen.

Im ätherischen Raum können die Flächeninhalte gemessen werden; ihre Proportion gibt uns über die Proportion der intensiven und äußerlich unsichtbaren Kräfte in den dreizehn Linien der Bau-Konstruktion Auskunft. So ist es tatsächlich. Was wir beim Betrachten der Form in der gewöhnlichen extensiven Weise nicht sehen, nämlich die relativen Kraftintensitäten, welche die Form nichtsdestoweniger bestimmen, wäre für uns direkt wahrnehmbar, wenn wir sie im ätherischen Raum auf dieselbe natürliche Art sehen lernen könnten, wie wir im gewöhnlichen Raum die äußere Form sehen. Wir können unser Denken aber in dieser Richtung schulen und die betreffenden »intensiven Flächeninhalte« mit wissenschaftlichen Methoden wirklich messen.

Es ist bezeichnend, daß all dies von der gegenseitigen Beziehung einer kosmischen Ebene, nämlich der »unendlichen Ebene«, die wir nun in unsere Vorstellung von der Konstruktion einschließen müssen, und eines inneren Punktes, nämlich desjenigen Punktes, auf den die äußeren Kräfte gerichtet sind, abhängt. Wird diese Art von Wechselbeziehung verstanden, so wird sich auch die kosmische Weltanschauung des Zeitalters der Wissenschaft und der Technik ändern. Man wird einsehen, daß es nicht notwendig ist, wenn wir in eine menschliche Beziehung mit dem großen räumlichen Universum treten wollen, alles mit unseren physischen Körpern zu tun. Wir brauchen uns nicht in einer Übersteigerung der irdischen Kräfte in den Raum zu schleudern, wie es der Mensch mit Raketen, Satelliten und künstlichen Raumschiffen beabsichtigt. Ätherisch *sind* wir bereits in diesen unendlichen Weiten. Und auch unsere irdischen Instrumente werden aus ihnen heraus erhalten.

Die erstaunliche Tatsache, die ich eben zu beschreiben versuchte, ist ein wissenschaftlicher Beweis dessen, was Rudolf Steiner in der Sprache des Okkultismus lehrte, nämlich daß auch das Mineralreich seine übersinnlichen Glieder wie z.B. einen »Ätherleib« hat, daß diese Glieder aber fortwährend aus den Weiten des Kosmos hereinwirken und nicht wie bei der Pflanze oder beim Tier in einen irdischen Körper hereingezogen werden. Abb. 4 zeigt natürlich nur ein sehr einfaches Beispiel. Was Rankine lehrte und was ich in moderne Begriffe umgesetzt habe, gilt für jede Art von polyedrischer Struktur (es könnte z.B. ein Dodekeder sein, das nicht einmal ganz regelmäßig zu sein braucht), an deren Ecken äußere Kräfte einwirken, so daß sich alle Kraftlinien in einem einzigen Punkte schneiden. Es steht auch außer Zweifel, daß für kontinuierlichere Baukonstruktionen ein ähnliches Prinzip gilt.

Die Art von Wissenschaft, auf die solche Beispiele deuten, wird dem Menschen nicht mehr so fern stehen. Denn es ist klar, daß die Art von Beziehung zwischen Peripherie und Zentrum und zwischen Vergangenheit und Zukunft, die diese mechanischen Gesetze zum Ausdruck bringen, mit dem, was im Menschenleben sowohl in physischer wie in geistiger Hinsicht gilt, mindestens eine Verwandschaft aufweist. Wir haben zu sehr die Neigung, die Naturreiche als Stockwerke eines Hauses zu betrachten, eines ordentlich über dem andern. Man stelle sie sich lieber in einem Kreis vor oder als die vier Punkte des Kompaß. Der Mensch steht in einem *näheren* Zusammenhang mit dem Mineralreich als das Tierreich und nicht in einem ferneren. Und gerade im geistigsten Teil seines Wesens kommt er ihm am nächsten. Sein geistiges Ich lebt und wirkt im Bereich der mechanischen Kräfte, die sich in und durch seine Gliedmaßen betätigen.

Ohne diese Erkenntnis werden auch die wiederholten Erdenleben des Menschen nicht auf eine völlig moderne Weise verstanden werden. Die

Beziehung, die auf Abb. 3 zwischen dem Gedankenbild und den intensiven Kräften herrscht, welche in der finsteren Materie der darunter abgebildeten Brücke verborgen sind, ist ein Ausdruck desselben kosmischen Prinzips, das am Werke ist, wenn die Gliedmaßen der einen Inkarnation zum Kopf der nächsten umgewandelt werden – und zwar wiederum durch eine »Umstülpung«. Nicht der äußere Aspekt der Gliedmaßen, sondern die in ihnen wirkenden inneren Kräfte erfahren diese Umwandlung. Diese inneren Kräfte sind die Kraft der Gravitation und andere mechanische Kräfte, die in den menschlichen Gliedmaßen die Sphäre menschlicher Verantwortung betreten. Entsprechend der Weise, wie er von ihnen Gebrauch macht, werden sich bei seinem nächsten Heruntersteigen zur Erde die Denkfähigkeiten ausbilden. Dann wird die Metamorphose von Finsternis zu Licht, vom Intensiven und Verhüllten zum Extensiven und Offenbaren nicht mehr ein bloßes Diagramm, eine bloße Vorstellung sein, sondern Wirklichkeit, Charakterzug, jeweiliges Lebensschicksal.

Im 18. Jahrhundert trug die »Himmelsmechanik« die irdischen Gedankenbilder weit in den Kosmos hinaus. Dank der ehrlichen wissenschaftlichen Arbeit durch das ganze 19. Jahrhundert hindurch und bis in die Gegenwart herein haben sich diese Gedanken verändert, auf eine solche Weise verändert, daß der menschliche Geist für den wahrhaft kosmischen Aspekt der Erde selbst wach geworden ist. Vielleicht stehen wir an der Schwelle einer neuen Art von Erden- und Himmelsmechanik. Sie wird mehr als nur mechanisch sein; sie wird eine menschliche Sprache sprechen, und sie wird zu einer Kommunion mit dem Kosmos führen, nach der die neue Generation unserer Zeit intensiv sucht.

Potenzierung und die
peripherischen Kräfte des Universums[1]

Mein Thema werden gewisse Ideen und Entdeckungen sein, die, obwohl sie erst im Anfangsstadium stecken, wohl fundiert sind und unter anderem etwas zur langersehnten wissenschaftlichen Erklärung der Wirksamkeit von hohen Potenzen in der Medizin beitragen dürften. Ich möchte Ihnen zunächst in Erinnerung rufen, worin die Schwierigkeit besteht. Die Wirksamkeit hoher Potenzen ist seit einigen Generationen eine Erfahrungstatsache für den Arzt und eine unbeschreibliche Wohltat für unzählige Patienten. Sie ist in den verflossenen Jahrzehnten durch die Arbeit von L. Kolisko[2], Boyd[3] und anderen Forschern aufgrund von biologischen wie auch physischen und chemischen Reaktionen experimentell erwiesen worden. Doch läßt sie sich weder im Lichte des handfesten Menschenverstands noch der herrschenden wissenschaftlichen Vorstellungen leicht erklären. Der Chemiker, der vermutet, daß eine bestimmte in kleinen Quantitäten in einer Lösung oder Mischung vorhandene Komponente für gewisse physische oder physiologische Effekte verantwortlich ist, wird bemüht sein, sie mittels Destillation, Kristallisation und ähnlichen Verfahren zu konzentrieren. Seine Theorie findet ihre Bestätigung, sobald sich die Wirkung erhöht; so war es auch bei Madame Curie, als sie mit unendlicher Mühe aus mehreren Tonnen Pechblende ein paar wenige Gramm Radium isolierte. Doch warum verdünnen wir bei der Herstellung von homöopathischen Heilmitteln, statt zu konzentrieren? Doch sind Potenzen nicht bloß Verdünnungen. Hahnemann[4] sagt: »Verdünnung allein, z.B. die der Auflösung eines Grans Kochsalz, wird schier zu bloßem Wasser; der Gran Kochsalz verschwindet in der Verdünnung mit vielem Wasser und wird nie dadurch zur Kochsalz-Arznei, die sich doch zur bewundernswürdigsten Stärke durch unsere wohlbereiteten Dynamisationen erhöht.« Dennoch kann nicht geleugnet werden, daß der Vorgang der Potenzierung oder Dynamisierung die Substanz tatsächlich verdünnt und dadurch ihre spezifische Eigenschaft zum Vorschein bringt. Um nochmals Hahnemann[4] zu zitieren: »Man hört noch täglich die homöopathischen Arznei-Potenzen *bloß* Verdünnungen nennen, da sie doch das Gegenteil derselben, d.i. wahre Aufschließung der Natur-Stoffe und Zu-Tage-Förderung und Offenbarung der in ihrem innern Wesen verborgen gelegenen, spezifischen Arzneikräfte sind.

Die Schwierigkeit des erdgebundenen gesunden Menschenverstands, das zu verstehen, wird zusätzlich erhöht durch die herrschenden Molekulartheorien über die Materie, für die die Anzahl von Molekülen in einem Mol irgendeiner Substanz in der Größenordnung von 10^{23} liegt. Die genaue Zahl, auch als Avogadrosche oder Loschmidtsche Zahl bekannt, ist mit verschiedenen Methoden übereinstimmend nachgewiesen worden. Beginnt man mit einer normalen Lösung und der normalen Technik der Potenzierung, so würde folglich, vom Standpunkt der Molekulartheorie aus betrachtet, bei der 23. oder 24. Dezimalpotenz nur ein einziges Molekül übrigbleiben, und von da an ist es umso unwahrscheinlicher, daß in der Medizinflasche oder der Ampulle, die den Namen der Substanz trägt, selbst dieses eine Molekül noch anzutreffen ist! Die neueren physikalischen Theorien haben verschiedene Möglichkeiten vorgeschlagen, wie man diesem Dilemma entkommen kann. Das 19. Jahrhundert stellte sich die Moleküle oder die sie aufbauenden Atome auf mehr oder weniger naive Weise als letzte und in sich geschlossene Bestandteile der Materie vor. Die Atome und subatomaren »Partikeln« – wie Protonen, Elektronen etc., mit denen man heute sogar auch die chemischen Verwandtschaften und biologischen Wirkungen einer Substanz erklärt – sind inzwischen zu rein ideellen Gebilden komplexer mathematischer Gleichungen geworden. Der philosophisch orientierte Physiker kann sogar aus wissenschaftlichen Gründen behaupten, wenn er an die geheimnisvolle Dualität von Welle und Partikel denkt, daß innerhalb seines eigenen Wirkungsbereichs jedes Atom mit dem ganzen Universum koexistiert. Deshalb setzen manche Menschen ihre Hoffnungen auf eine zukünftige Wissenschaft der Biophysik, in der die idealisierten Begriffe der Atomphysik die subtilen Einflüsse des Lebendigen erhellen werden. Doch sollte nicht vergessen werden, daß die Experimente und die Entdeckungen, auf denen jene beruht, sich vom Reich des Lebendigen immer mehr entfernt haben und in Wirklichkeit auf der methodischen Steigerung gewisser Zustände wie dem Hochvakuum, der Hochspannung elektrischer Felder und den daraus resultierenden Strahlungen und »Bombardierungen« beruhen – Zustände, die ausgesprochen lebensfeindlich sind. Es ist deshalb besser, die offensichtliche Kluft zwischen den Erfahrungen der homöopathischen Medizin und der konventionellen wissenschaftlichen Weltanschauung in einem weiteren historischen Rahmen und nicht bloß auf dem Boden der stets wechselnden physikalischen Theorien des 20. Jahrhunderts zu betrachten.

Die Entwicklung der Physik seit der Zeit von Galilei und Torricelli, Newton, Boyle und Huyghens, Dalton, Lavoisier und Faraday bis zum heutigen Tag stellt ein wundervolles Kapitel in der intellektuellen und spirituellen Geschichte der Menschheit dar. Das lange Leben von Hahnemann (1755-1843) umfaßt in dieser Entwicklung einen wichtigen Abschnitt, der über die Himmelsmechanik des 18. Jahrhunderts zu den elektromagnetischen Theorien und den sich häufenden chemischen Entdeckungen des 19. Jahrhunderts führt. Hahnemann ist zur Zeit der Entdeckung des Wasserstoffs und der chemischen Zusammensetzung des Wassers noch ein junger Mensch, und als Dalton die Atomtheorie verkündete, steht er in der Blüte seines Lebens. Im Jahre 1772 bestätigt Cavendish das Coulombsche Gesetz in der Elektrostatik, Oersted und Ohm machen 1820 ihre Entdeckungen am elektrischen Strom, und die elektromagnetischen Forschungen von Faraday kulminieren im Jahre 1831. Die Harnsynthese von Wöhler zerstört 1828 die alten vitalistischen Vorstellungen der organischen Chemie, in denen sich auch Hahnemann – der selbst ein schöpferischer Chemiker war – gemeinsam mit seinen Zeitgenossen noch bewegte.

Es ist gut, wenn man sich beim Lesen der Ausdrücke Hahnemanns, die, wie ich zu zeigen hoffe, bis auf den heutigen Tag wissenschaftlich wichtig sind, dieser Tatsache bewußt ist. Denn der Vitalismus, der in seiner alten philosophischen Form aufgegeben werden mußte, weil er in seiner Vagheit wahrer Forschung im Wege stand, kann nun auf klarer wissenschaftlicher Basis wieder aufleben. Hahnemanns Gebrauch der Ausdrücke »dynamisch« und »Dynamismus«, die er übernimmt oder selber prägt, beruht auf eben diesem Vitalismus. »Seine Vorstellung der im lebendigen Körper herrschenden Vitalkraft«, sagt Tischner[5], »war von Anfang an im wesentlichen eine geistige«. Krankheiten schreibt er immateriellen, dynamischen Ursachen zu, und in seinem Essay vom Jahre 1801 bezeichnet er die Heileffekte von hohen Verdünnungen eher als »dynamisch« als »atomistisch« – ein Unterschied, dessen Bedeutung im folgenden, wie ich hoffe, noch klarer werden wird. Wir müssen uns auch daran erinnern, daß die klaren Unterscheidungen zwischen Materie und Energie und das Gesetz von der Erhaltung der Energie zu Hahnemanns Zeit noch nicht geläufig war. Mayer und Joule entdeckten das »mechanische Wärmeäquivalent« ziemlich genau zur Zeit seines Todes (1842-1845). Wärme, Licht und andere Energien – sowohl biologischer als auch psychologischer und physischer Art, einschließlich eines solchen Phänomens wie das des »tierischen Magnetismus« – galten bis zu jener Zeit als feine, wenn nicht gar unwägbare Substanzen. Die mutmaßliche Wärmesubstanz wurde »Phlogiston« genannt. Noch im Jahre 1789 nahm Lavoisier Wärme und Licht in

105

die Reihe der chemischen Elemente auf. Und es wurde in weiten Kreisen angenommen, daß Rumford mit seinem Experiment die »Wärme« aus dem durch Reibung erhitzten Eisen befreit habe. Und selbst, als Carnot im Jahre 1824 in seinem Werk »Puissance motrice de feu« tatsächlich das zweite thermodynamische Gesetz entdeckte, das bald zu einem Markstein der Physik werden sollte, wurde es von ihm selbst immer noch im Sinne der »Wärme« interpretiert. – Vielleicht ist diese Vorstellung der unwägbaren Essenzen im Lichte der heutigen Ideen nicht mehr ganz so verfehlt, wie das noch vor sechzig Jahren geschienen hätte. Jedenfalls muß man sie beim Lesen von Hahnemanns Ausdrücken im Bewußtsein behalten, etwa wenn er die während des rhythmischen Prozesses der Verdünnung, der Trituration und der Sukkussion aus der materiellen Substanz herausgelösten Heilwirkungen als »feinstofflich« oder »geistartig« bezeichnet.

Ich habe mit Absicht auf diese Aspekte aufmerksam gemacht. Die Geschichte der Wissenschaft ist nicht ein in einer einzigen Richtung verlaufender Prozeß, wie das die sauber abgeschlossenen Lehrbücher vermuten lassen. Viele verschiedene Ströme laufen nebeneinander her. Die wesentlichsten experimentellen oder theoretischen Entdeckungen können jahrzehntelang unbeachtet liegen bleiben, bis ein neuer Aspekt auftaucht und ihre Bedeutung offenbart.

Wir wollen für einen Moment menschlich und historisch betrachten, welche Tatsache der orthodoxen wissenschaftlichen Weltanschauung ihre Stärke verlieh und auch für die Intoleranz verantwortlich war, mit der man der Homöopathie nur allzu oft begegnet ist. Es war die Kombination eines instinktiven und handfesten Materialismus mit der mathematischen Klarheit und Triftigkeit von Theorien, die sich auf Beobachtung und Experiment stützten. Der instinktive Materialismus kommt schön zum Ausdruck in der Anekdote von Johnsons wütender Reaktion auf eine Predigt von Bischof Berkley, in der dieser seine idealistische Theorie der Welt dargestellt hatte. »Damit widerlege ich die Sache«, rief der gelehrte Doktor aus und stieß mit seinem Fuß gegen einen Stein. Johnsons Stein, räumlich unendlich verkleinert, in geistiger Hinsicht hingegen im entsprechenden Maße gewachsen, wurde im Atomismus bis zum Jahrhundertende zum äußerst befriedigenden Fußball oder vielleicht besser, zum Baseball der Wissenschaft. Denn gerade dieses instinktive Gefühl für die letzte Realität der tastbaren materiellen Dinge liegt den älteren Formen des wissenschaftlichen Materialismus zugrunde. Und dieses Gefühl ist ein sehr bestimmendes Element im Bewußtsein des westlichen Menschen vom 17. bis zum 19. Jahrhundert, und es ist vom Zeitalter der Entdeckungen, der Entwicklung der Naturgeschichte und des künstlerischen Naturalismus sowie dem Anfang des Industrialismus nicht wegzudenken. Es steht auch durchaus in Harmonie mit den patriarchalischen, schlicht gläubigen, stark alttestamentlichen Religionsformen, die damals herrschten.

Doch der instinktive Materialismus wird noch von einem anderen, mehr ideellen Faktor verstärkt, und dieser allein erklärt die geistige Hartnäckigkeit der materialistischen Wissenschaft – nämlich von dem Vertrauen, das die intellektuelle Klarheit und Stringenz des mathematischen Denkens erweckten. Zu leicht wird vergessen, wie viele rein ideelle oder, mit anderen Worten, geistige Elemente in das endgültige wissenschaftliche System eingebaut werden. Die Mathematik ist eine reine Gedankentätigkeit, und in der Vergangenheit (wenn auch nicht im extremen Formalismus und dem sich heute in Mode befindenden völligen Nominalismus) war sie vom philosophischen, ja sogar vom religiösen Denken nie weit entfernt. So war zweifellos Isaac Newton, den wir zurecht als den Gründer der modernen Physik ansehen, hinsichtlich seiner eigenen dominierenden Interessen ein Philosoph, ja sogar ein Theologe, wie zum Beispiel seine Korrespondenz mit Henry Moore und den Platonikern von Cambridge zeigt. Bei all seiner Sorgfalt und Skepsis, die er in seinen »Hypotheses non fingo« ehrlich zum Ausdruck brachte, fügte er, der seinen universellen Raum später als »Sensorium Gottes« bezeichnen sollte, seinen »Principia«, der Form, wenn nicht gar der Absicht nach, ein fast theologisches, gedankliches Mauerwerk ein. Nur wurde dessen eigentliche Bedeutung von den französischen Atheisten und Rationalisten umgekehrt! Nach über einem Jahrhundert brachten andere Engländer mit einer philosophischen und religiösen Veranlagung eine ähnliche Klarheit geometrischer Imagination und mathematischer Analyse in die im Entstehen begriffene Wissenschaft der elektrischen und magnetischen Kräfte hinein. Ich denke natürlich an Faraday und Clerk Maxwell. Es ist dieses mathematische Element in der Physik, das ihr Stärke und Macht verleiht – Macht für die technischen Anwendungen, Stärke in ihrem Einfluß auf unsere geistige Weltanschauung. Darin liegt auch ein tragisches Element; denn das sich daraus ergebende System wird zu einem starren Rahmen, der den Zugang zu den spirituelleren Aspekten der Wirklichkeit, von denen die Wahrheiten der homöopathischen Medizin ein Beispiel sind, versperrt. Doch die geistige Kraft des geometrischen und mathematischen Denkens, die beim Bau dieses Gerüsts mitgeholfen hat, kann aber auch zu einer äußerst notwendigen Entfernung desselben beitragen. Davon möchte ich nun sprechen.

Der Raum, in dem sich, wie man annahm, die wirklichen Ereignisse des

Universums abspielten, war bis etwa vor einem halben Jahrhundert, d.h. der Zeit Einsteins und Minkowskis, der Raum Euklids, dessen Geometrie wir in der Schule lernen. Es ist der Raum, der in endlichen und festen Längen oder in Flächen und Rauminhalten, die auf dem Längenmaß basieren, gemessen wird. Er wird von den wohlbekannten Gesetzen des Parallelismus und des rechten Winkels bestimmt, wie etwa beim Theorem des Pythagoras oder beim Satz, daß gegenüberliegende Seiten eines Parallelogramms einander gleich sind. Es wurde angenommen, daß dieser selbe Raum von den kleinsten bis zu den größten Dimensionen alles durchdringen würde. Der identische Längen-Maßstab führt im Innern wie im Äußeren zu den Millimikronen der Atomwissenschaft und den Parsecs und Lichtjahren der astronomischen Spekulation. Was geschieht, wenn eine gerade Linie ins Unendliche ausgedehnt wird, galt als eine müßige Frage, die vielleicht von philosophischem Interesse war, aber jedenfalls jenseits des wirklichen Bereichs der Wissenschaft lag.

Im 19. Jahrhundert sagten einige Wissenschaftler, z.B. W.K. Clifford, gelegentlich, daß der kosmische Raum doch auch »nicht-euklidisch« sein könnte, wobei seine Struktur vom euklidischen Raum in einem derart geringfügigen Maße abweichen würde, daß dies unseren Instrumenten und Messungen entgeht. Doch wurde unsere tief euklidische, ich könnte auch sagen, irdische Art, uns den Raum und die in ihm enthaltenen Wirklichkeiten vorzustellen, weder dadurch noch durch Einsteins vierdimensionales Raum-Zeit-Kontinuum mehr als nur modifiziert. Diese Vorstellungsweise gilt als etwas so Selbstverständliches, daß es schwerfällt, sie zu beschreiben; denn nur wenige Menschen realisieren, daß man sich den Raum auch auf andere Weise vorstellen kann. Man stellt sich den Raum als riesigen, leeren Behälter vor – wie der Koffer des Irländers, der weder Seiten noch Deckel noch Boden hat –, welcher an manchen Orten mehr, an anderen weniger dicht von punktzentrierten Körpern bewohnt ist, die sich gegenseitig ihre Kräfte und Strahlungen zusenden. Er wird zum Feld vielfältiger potentieller Kräfte, doch die realen Quellen der Aktivität sind wiederum punktzentrierte materielle oder wenigstens quasi-materielle Körper. Von diesen abgesehen bliebe nichts als Leere und bloßes Nichts übrig. Das ist sicher eine brauchbare Beschreibung sowohl der volkstümlichen Vorstellung als auch der mathematischen Analyse.

Ich will nun von etwas sprechen, was im Gegensatz dazu sowohl für den reinen Gedanken als auch für die Einsicht in die Wirklichkeit der Natur ganz neue Möglichkeiten eröffnet. Denn während die Physiker und Astronomen auf ihre Probleme fleißig die alte euklidische Geometrie anwandten, die zwar etwas praktikabler und eleganter, doch durch die neuen analytischen Methoden von Descartes, Leibniz und Newton in keiner Weise verändert wurden, entstand unter reinen Mathematikern eine neue Form der Geometrie, – eine Form, die, während sie die euklidische Geometrie einschließt, unter anderem viel schöner und tiefer ist. Ich meine die verschiedentlich als projektive Geometrie, moderne synthetische Geometrie oder Geometrie der Lage bekannte neue Schule der Geometrie. Ihre Wahrheiten wurden anfänglich im 17. Jahrhundert vom Astronomen Kepler und dem mystischen Philosophen Pascal, sowie auch von Pascals Lehrer Girard Desargues, einer weniger bekannten, aber historisch wichtigen Persönlichkeit, erfaßt. Wirklich zu blühen begann die neue Geometrie jedoch erst zu Beginn des 19. Jahrhunderts, während der zwanzig letzten Lebensjahre Hahnemanns. Wiederum waren französische Mathematiker wie Poncelet, Gergonne und Michel Chasles die Pioniere, denen bald einige brilliante Denker in der Schweiz, in Deutschland, England, Italien und anderen Ländern folgen sollten. Während sie außer unter reinen Mathematikern, auf deren Denken sie einen tiefen und dauerhaften Einfluß haben sollte, weitgehend unbekannt blieb, wurden die Einsichten dieser Geometrie immer umfassender, so daß man am Ende des Jahrhunderts dachte, sie würde die meisten, wenn nicht alle bekannten Formen der Geometrie, sowohl euklidische wie nicht-euklidische, einschließen. Heute eröffnet sie, wie ich gleich ausführen werde, neue Wege der Naturerkenntnis, und zwar vor allem der Erkenntnis der lebendigen Natur und der subtileren, mehr »geistartigen« Kräfte, die Hahnemann intuitiv erfaßt hatte.

Die projektive Geometrie ist ebensowenig wie die euklidische eine bloße Disziplin des reinen Denkens, die sicher auf ihren eigenen ideellen Prinzipien oder Axiomen beruht; sie hat auch einen Bezug zur praktischen Erfahrung, obwohl zunächst in einer ziemlich anderen Richtung. Unsere Erfahrung der räumlichen Welt ist vor allem visueller und haptischer Art. In Wirklichkeit gibt es noch andere und weniger bewußte Sinne, d.h. mehr »propriorezeptive« Sinne für unseren eigenen räumlichen Körper, sowohl innerhalb seiner selbst als auch in seiner Wechselwirkung mit der Welt – z.B. den Eigenbewegungssinn und den Gleichgewichtssinn; unser räumliches Bewußtsein und unsere geometrische Denkfähigkeit sind in der Tat vor allem auf diese Sinne zurückzuführen. Doch für unser äußeres Bewußtsein sind der Tast- und der Sehsinn diejenigen Sinne, die das geometrische Denken und Vorstellen unterstützen und verstärken.

Die Geometrie des Euklid hat nun vor allem eine Beziehung zum Tast-

109

sinn; daher auch ihre natürliche Verbindung mit einer wissenschaftlichen Weltanschauung, die von greifbaren, materiellen Objekten ausgeht. Zentimeter, Meter usw. sind von unserem eigenen Körper abgeleitete Maße. Wir messen durch die Berührung mit der Erde, Fuß um Fuß, Schritt um Schritt, oder im rhythmischen Akt des Messens mit Fingerspitze und Maßstab. Die konstante Distanz zwischen Parallelen und die Symmetrie-Gesetze rechter Winkel werden uns vom Tast-Erlebnis bestätigt. Wir beweisen sogar das erste Theorem Euklids mit Hilfe des vorgestellten Tast-Experiments, indem wir ein Dreieck über ein anderes legen.

Doch unsere Erfahrung des Raums ist auch visueller Art und als solche viel ausgedehnter, vielfältiger und befriedigender. Wir sehen Dinge, die wir mit der Hand oder dem Fuß oder einem Werkzeug nie berühren können; unsere Sicht reicht bis zum unendlichen Horizont, bis zu den Sternen. Nun fielen in der Zeit vom 15. bis 17. Jahrhundert die Anfänge der modernen Wissenschaft mit der immer mehr naturalistisch werdenden Kunst der Renaissance zusammen. Beide waren von derselben Liebe zur Natur und demselben Wunsch, in ihre Geheimnisse einzudringen, beseelt. So studierten Künstler wie Leonardo da Vinci und Dürer, um ein äußerlich »wahres« Bild der Szenerie einer Landschaft und der Gestalt und der Werke der Menschen zu bekommen, die Gesetze des perspektivischen Sehens, welche ihrerseits von ihren praktischen und ästhetischen Anwendungen her dann zur Entstehung einer neuen rein geometrischen Disziplin, nämlich zur projektiven Geometrie führt. Diese beschäftigt sich deshalb natürlicherweise nicht nur mit greifbaren und endlichen Formen, sondern auch mit der *unendlichen* Ferne des Raumes, wie sie in den Fluchtlinien und Fluchtpunkten der Perspektive zum Ausdruck kommen. So wird das unendlich Ferne in der neuen Geometrie realistisch behandelt, in einer Weise, die der klassischen Geometrie Euklids und der Griechen fremd war.

Die unendlich fernen, manchmal auch als »die idealen Elemente« des Raumes bezeichneten Elemente nicht weniger bestimmt als die sich in endlicher Distanz befindenden Elemente in die Betrachtung einzubeziehen, ist ein kühner Gedankenschritt, und er wird von einer zweifachen Einsicht belohnt, die für die Wissenschaft vom Lebendigen von bisher unvermuteter Bedeutung ist.

Die Aufmerksamkeit wird nicht mehr auf die starren Formen wie das Quadrat oder den Kreis, sondern auf die beweglichen *Form-Typen*, die in den verschiedenen Aspekten der Perspektive ineinander übergehen, oder auch auf andere Arten der geometrischen Transformation gerichtet. Bei Euklid gehen wir zum Beispiel von der starren Form des Kreises aus, von welcher Ellipse, Parabel und Hyperbel ebenso scharf unterschieden sind wie diese voneinander. In der projektiven Geometrie gehen wir dagegen vom allgemeinen »Kegelschnitt« aus, dessen reine Idee im Geist gebildet wird und von dem verschiedene Konstruktionen ins Auge gefaßt werden. So wie im Alltag die runde Öffnung eines Lampenschirms, wenn man sich im Zimmer umherbewegt, in vielen elliptischen Formen erscheinen wird oder die Öffnung einer Fahrradlampe verschiedene hyperbolische Formen auf die Straße projiziert, so gehen wir im reinen Denken den Verwandlungen von einer Form des Kegelschnitts in andere Formen nach. Streng genommen ist der »Kegelschnitt« der projektiven Geometrie weder Kreis, Ellipse, Parabel oder Hyperbel; er ist eine reine Ideen-Gestalt, aus der alle diese Formen hervorgehen; ganz ähnlich wie das »Urblatt« der Goetheschen Botanik[6] mit keiner speziellen Art oder Metamorphose eines Blatts (von Knoten zu Knoten verschiedenen Laubblatts, Blütenblatts, Fruchtblatts etc.) identisch ist, sondern ihnen allen zugrundeliegt. Die neue Geometrie erzeugt eine Qualität des räumlichen Denkens, die mit den Metamorphosen der lebendigen Formen verwandt ist.

Die zweite Einsicht ist vielleicht noch wichtiger. Die projektive Geometrie sieht das tiefste Gesetz der Raumstruktur in einer fundamentalen *Polarität*, welche in einfacher und imaginativer Sprache eine Polarität von Ausdehnung und Zusammenziehung genannt werden kann, wobei diese Ausdrücke in einem qualitativen und sehr beweglichen Sinne gemeint sind. (Wenn ich dies nun schließlich doch anhand von mehr starren und symmetrischen Formen, von deren Begrenztheit ich eben gesprochen habe, erläutere, so hat das nur den Zweck, die Sache dadurch, daß wir von vertrauten Bildern ausgehen, zu erleichtern.) Stellen Sie sich eine Kugel vor –nicht das innere Volumen, sondern die reine Form der Oberfläche. Eine Kugel kann von einer anderen nur bezüglich der Größe unterschieden sein; davon abgesehen ist die Form dieselbe. Nun führt die Ausdehnung und die Zusammenziehung einer Kugel zu zwei äußersten Grenzen. Wird die Kugel extrem zusammengezogen, so wird sie zu einem Punkt; extrem ausgedehnt zu einer Ebene. Die zweite Verwandlung, die allerdings der sorgfältigeren Überlegung bedarf, ist nicht weniger notwendig als die erste. Eine große Kugelfläche ist weniger intensiv gekrümmt als eine kleine; mit anderen Worten, sie ist flacher. So lange eine Kugel immer noch flacher werden kann, ist sie noch nicht bis zur extremen Grenze, die nur in der absoluten Flachheit einer Ebene bestehen kann, ausgedehnt worden.

Dieses einfache Gedankenexperiment – die extreme Zusammenziehung und Ausdehnung einer Kugel – führt in die rechte Richtung. Der Punkt und die Ebene erweisen sich als die fundamentalen Entitäten des dreidimensionalen Raums, d.h. des Raums unseres Universums und unserer menschlichen Vorstellungswelt. Qualitativ gesprochen ist der Punkt die Quintessenz der Kontraktion, die Ebene diejenige der Expansion. Hier haben wir den grundlegenden Unterschied, sowohl im Gegensatz zur alten euklidischen Geometrie als auch zu den naiven und ziemlich irdischen Raumvorstellungen, die in einer einseitigen atomistischen Weltanschauung gipfeln. Denn der dreidimensionale Raum kann im Lichte der neuen Geometrie ebensogut von der Ebene nach innen wie vom Punkt nach außen gebildet werden. Keine der beiden Betrachtungsweisen ist fundamentaler als die andere. In der traditionellen Erklärung gehen wir vom Punkt als der Entität ohne Dimension aus. Indem wir den Punkt, sagen wir, von links nach rechts bewegen, erhalten wir die Linie als erste Dimension; indem wir die Linie vorwärts und rückwärts bewegen, erhalten wir die zwei Dimensionen der Ebene; und wenn wir schließlich die Ebene aufwärts und abwärts bewegen, die vollen drei Dimensionen.

Diese Denkweise ist für die moderne Geometrie immer noch gültig, aber sie ist nur die halbe Wahrheit, nur einer von zwei polar gegensätzlichen Aspekten. In der zwischen ihnen waltenden Harmonie besteht das wirkliche Wesen der Raumstruktur. Bei der anderen komplementären Betrachtungsweise müßten wir bei der Ebene beginnen und nach innen arbeiten. Um nur den ersten Schritt zu erwähnen: Gerade so wie die Bewegung eines Punktes in einen zweiten Punkt die gerade Linie hervorruft, welche beide Punkte verbindet, so bringt die Bewegung einer Ebene in eine zweite Ebene die Gerade hervor, in der sich die beiden Ebenen schneiden. Wir können mit der Bewegung um dieselbe Gerade fortfahren und erhalten ein ganzes Bündel von Ebenen, wie die Blätter eines offenen Buches oder eine in den Angeln schwingende Tür. So bekommen wir eine »Linie von Ebenen«, wie wir im vorigen Fall eine »Linie von Punkten« hatten. Die Gerade spielt in der raumschöpferischen Polarität von Punkt und Ebene eine Mittlerrolle, denn sie befindet sich nach beiden Richtungen im Gleichgewicht.Genauso wie zwei Punkte des Raumes die einzige sie verbindende Gerade bestimmen, so tun das auch zwei Ebenen; wir müssen nur erkennen, daß auch parallele Ebenen eine Gerade gemeinsam haben, nämlich die unendlich ferne Gerade der beiden Ebenen. Wir sehen schließlich, daß alle intuitiv gegebenen Beziehungen von Punkten, Linien und Ebenen diesen dualen oder polaren Aspekt aufweisen. *Was immer für die Beziehung von Ebenen zu Geraden und Punkten gilt, gilt ebenso für die Beziehung von Punkten zu Geraden und Ebenen.* So bestimmen etwa drei

Punkte, die nicht auf einer Geraden liegen, eine einzige Ebene (Prinzip des Dreifußes), doch bestimmen auch drei Ebenen, die nicht in einer Geraden liegen (z. B. die Decke und zwei aneinandergrenzende Wände eines Zimmers) einen einzigen Punkt. Wiederum muß man die Ebenen unendlich ausdehnen und sie sich in ihrer Ganzheit vorstellen, um zu erkennen, daß das ohne Ausnahme gilt.

Alle räumlichen Gebilde sind letztlich aus Punkten, Geraden und Ebenen aufgebaut. Sogar eine plastische Oberfläche oder eine Krümmung im Raume besteht aus einer unendlichen, ununterbrochenen Folge, nicht nur von Punkten, sondern auch von Tangenten und Tangential- oder Schmieg-Ebenen. Das gegenseitige Gleichgewicht dieser Aspekte, d.h. des punktuellen, des ebenenhaften und des zwischen ihnen vermittelnden Geraden-Aspekts, ermöglicht uns eine tiefere Einsicht in das Wesen des Plastischen als die überlieferte einseitig punktuelle Betrachtungsweise.

Daraus ergibt sich, daß es für jede geometrische Form oder jedes geometrische Gesetz immer auch eine Geschwister-Form und ein ebenfalls gültiges Geschwister-Gesetz gibt, in welchem die Rollen von Punkt und Ebene vertauscht sind. Oder aber die Form, die wir uns denken, erweist sich als ihre eigene Schwester-Form, die durch die polare Vertauschung von Punkt und Ebene in idealer Gestalt aus sich selbst hervorgeht, wie das z. B. beim Tetraeder mit seiner gleichen Anzahl von Punkten und Ebenen der Fall ist. Das soeben ausgesprochene Prinzip, das für die Wahrheiten der projektiven Geometrie gleichsam ein Schlüssel ist, ist als »Dualitäts-Prinzip« bekannt. Es wäre vielleicht besser gewesen, man hätte es von Anfang an als »Polaritäts-Prinzip« bezeichnet, denn in seinem kosmischen Aspekt ist es auch einer der wesentlichsten Schlüssel zu den mannigfaltigen Polaritäten der Natur. Die Erkenntnis dieses Prinzips führt zu einer wissenschaftlichen Denkweise, die beabsichtigt, den einseitigen Atomismus und die materialistischen Vorurteile zu überwinden.

Ein einfaches Beispiel ist auf Abb.1 zu sehen. Eine Kugel wird in einen Würfel gesetzt, der gerade groß genug ist, daß sie darin Platz hat. Durch die Berührung mit den sechs Flächen des Würfels greift die Kugel sechs Berührungspunkte heraus. Werden sie zu je dreien verbunden, so ergeben die sechs Punkte acht Flächen und bilden die Doppelpyramide des Oktaeders. Oktaeder und Würfel sind polar aufeinander bezogene Geschwister-Formen. Die Struktur und die Zahl der Beziehungen ist dieselbe, nur daß Ebene und Punkt, die Prinzipien von Ausdehnung und Zusammenziehung, miteinander vertauscht werden. Das Oktaeder hat acht Flächen, wobei jede von ihnen ein Dreieck oder eine Triade von Punkten

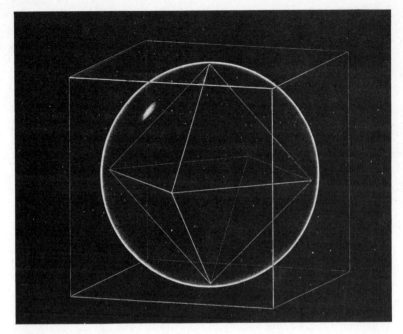

Abb.1

Abb.2

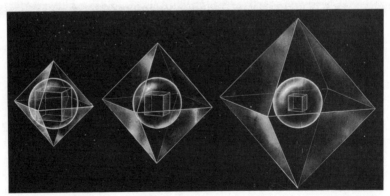

und der sie verbindenen Geraden trägt; so hat der Würfel acht Punkte wobei jeder von ihnen eine Triade von Flächen und Geraden trägt. Das Oktaeder hat andererseits sechs Punkte oder Spitzen, jeder mit einer vierfachen Struktur, in Entsprechung zum Würfel mit seinen sechs viereckigen Flächen. Die Zahl der Geraden oder Kanten ist in beiden Fällen die gleiche, nämlich zwölf (siehe Abb. auf S. 114).

Die Kugel ist nur eine der vielen räumlichen Formen, welche die Polarität von Punkt und Ebene, oder qualitativ ausgedrückt, von Ausdehnung und Zusammenziehung, hervorrufen. Das tut sie nicht nur durch eine tatsächliche Berührung wie in Abb. 1. Das Vorhandensein einer Kugel ruft für irgendeine im Raum gegebene Ebene einen Punkt hervor und für jeden gegebenen Punkt eine Ebene. Ich kann hier nicht die relativ einfache Konstruktion, vermöge welcher das geschieht, erklären. Die gegenseitige Beziehung ist wirklich eine solche der Ausdehnung und Zusammenziehung, wie Abb. 2 zeigt. Hier sehen wir links im Vergleich zu Abb. 1 die umgekehrte Position von Würfel und Oktaeder. Die Kugel ist gerade groß genug, um in den Oktaeder hineinzupassen, und berührt die acht Flächen an den Mittelpunkten der dreieckigen Flächen. Die Berührungspunkte markieren offensichtlich die acht Eckpunkte eines Würfels, der sich nun innerhalb der Kugel befindet. Auf dem mittleren und auf dem rechten Bild ist die Größe der Kugel unverändert, doch haben wir den Würfel in der Vorstellung bewußt auf den Mittelpunkt hin zusammengezogen. Die Kugel bewahrt die gegenseitige Beziehung von Würfel und Oktaeder, nur muß sich nun das Oktaeder ausdehnen. Denn proportional zur Schrumpfung der acht Punkte des Würfels von der Kugeloberfläche gegen den Mittelpunkt schweben die entsprechenden Flächen nach außen und verursachen die Ausdehnung des Oktaeders im selben Maße, wie sich der Würfel zusammenzieht. Auf dem Bild rechts ist die lineare Dimension des Würfels halb so groß wie auf dem linken Bild von Abb. 2 und das Oktaeder doppelt so groß.

Wir können uns die Fortsetzung dieses Prozesses »bis zum bitteren Ende« vorstellen. Das Oktaeder wächst schnell in das räumliche Universum hinaus. Denn wenn der Würfel hundertmal kleiner ist, wird das Oktaeder hundertmal größer sein als vorher. Und wenn er schließlich verschwindet und seine acht Eckpunkte mit dem einzigen Mittelpunkt zusammenfallen, müssen wir uns vorstellen, daß die acht Flächen des Oktaeders in eine einzige Ebene verschmelzen, nämlich in die unendliche Peripherie des Raumes. Denn das unendlich Ferne, in seiner alle Richtungen umfassenden Totalität genommen, also gewissermaßen die unendliche Kugel des

Raumes, ist, da sie einen unendlichen Radius hat, gar keine Kugel im gewöhnlichen Sinne des Wortes mehr (ebensowenig wie die in einen Punkt zusammengezogene Kugel noch eine wahre Kugel ist); sie ist eine Ebene. So erhalten wir eine andere grundlegende Idee der neuen Geometrie, nämlich die Idee einer einzigen unendlichen fernen Ebene oder einer unendlichen Peripherie des Raumes. Und dank der Gegenwart dieser Ebene läßt sich aus den unbestimmten und fortwährend beweglichen Formen des reinen projektiven Raums der mehr starr bestimmte Raum der physischen Welt, mit anderen Worten, der euklidische Raum hervorbringen. Wir brauchen zum Beispiel nur an die Parallelität zu denken. Parallel sind solche Geraden und Ebenen, die sich in einer unendlichen Ferne schneiden. Wie nun die Kristalle in der Natur und die Werke menschlicher Architektur zeigen, spielt die Parallelität bei allen Gesetzen und Maßen der räumlich-physischen Welt eine wesentliche Rolle. Zu den Gesetzen der Parallelität müssen noch jene des rechten Winkels und des Winkelmaßes im allgemeinen hinzugefügt werden. Auch diese werden von der unendlichen Peripherie nach innen zu bestimmt. Es würde in diesem Zusammenhang zu weit führen, zu erklären, wie das geschieht, doch dies ist eine offensichtliche Tatsache, die wir in jedem Akt der Vermessung bezeugen, wenn wir von möglichst weit entfernten Punkten – genauer gesagt, von unendlich fernen Punkten aus – visieren.[7]

Ich bin der Ansicht, daß diese Ideen – die fundamentale ebenenhafte und nicht nur punkthafte Struktur des universellen Raums und die gegenseitig ausgeglichene Beziehung von Zusammenziehung und Ausdehnung oder von zentrischen und peripherischen Qualitäten, die den reinen Mathematikern seit mehr als hundert Jahren bekannt sind – für unser Verständnis der realen Natur endlich ernst genommen werden müssen. Darauf hat H.W. Turnbull[8], der Herausgeber der Korrespondenz Newtons, hingewiesen. Wie Turnbull bezüglich des punktuellen und des ebenenhaften Aspekts schreibt, sind »im Bereich von Wachstum und Form beide Analysen bedeutsam. Same, Stiel und Blatt einer Pflanze legen zwei verschiedene Arten nahe, die dreidimensionalen Formen zu studieren, eine mikroskopisch punktuelle und eine ebenenhafte.« Er lenkt die Aufmerksamkeit auch auf die Tatsache, daß die relative Vollständigkeit der punktuellen Analyse, die auf einer bestimmten wissenschaftlichen Stufe erreicht wird, vom polar entgegengesetzten Aspekt, der vielleicht noch seiner Entdeckung harrt, keineswegs ausgeschlossen oder beeinträchtigt wird. »Diese mathematische Dualität ist keine Angelegenheit einander bekämpfender Theorien, von denen die eine richtig und die andere falsch ist. Die charakteristische Beschreibung ihrer Beziehung ist eine solche des Ineinander und Durcheinander, nicht des Für oder Wider.« Was wir in dieser Richtung erwarten dürfen, ist nur eine noch tiefere und umfassendere Einsicht. Es ist sicher nicht sinnlos, anzunehmen, daß die Natur aus den gleichen Prinzipien aufgebaut ist, die auch im menschlichen Geist aufleuchten, wenn dieser eine seiner edelsten Fähigkeiten ausübt – nämlich diejenige des klaren geometrischen Denkens und Vorstellens.

Wir wollen uns nun von der Welt der reinen Form derjenigen der wirkenden Kräfte zuwenden. Auch hier hat uns seit Newton, Faraday und Maxwell das klare mathematische, geometrische Denken dazu verholfen, das Spiel der physischen Kräfte, wie z. B. der Gravitationskraft, der Beschleunigung schwerer Körper oder der elektrischen und magnetischen Kräfte, zu meistern. Wir kennen diese Kräfte nicht primär aufgrund des Denkens allein, sondern vermittels Beobachtung und Experiment. Das »Kräfte-Parallelogramm« kann, im Gegensatz zu demjenigen der Geschwindigkeit oder Beschleunigung, durch keinen reinen Denkprozeß oder eine Definition bewiesen werden, obwohl das in manchen Lehrbüchern nicht klar gemacht wird; es ist eine Tatsache der Erfahrung, die von vielen verschiedenen Formen des Experiments beliebig genau bestätigt werden kann. Doch obwohl wir die physischen Kräfte zunächst nur auf empirische Weise kennen lernen, zeigt die Natur, daß sie in ihrem Wechselspiel und ihrem Gleichgewicht mathematischen Gesetzen gehorchen. Entdecken wir diese Kräfte und bringen wir unseren Geist in Einklang mit ihnen, dann lernen wir das Kräftespiel verstehen und meistern. Daher die ganze Macht unserer angewandten Wissenschaft und Technologie. Nun ist es für beinahe alle in der Physik bekannten Kräfte bezeichnend, daß sie punktzentriert sind. Es sind diejenigen Arten von Kräften, die von schwerer Materie ausstrahlen; es ist ganz natürlich, daß wir sie zuerst gefunden haben, denn die Physik ist von der Mechanik, d.h. von der Erforschung der gröberen Eigenschaften der Materie ausgegangen. Doch dies war auch den herrschenden Denkweisen zuzuschreiben. Der Mensch bemerkt natürlicherweise, was er zu Denken gewohnt ist, und die Dinge entgehen ihm, selbst wenn er sie sieht, wenn die ihnen innewohnende Idee seinem Geiste fremd ist. So ist das räumliche Denken des Wissenschaftlers dank seiner euklidischen Ausbildung bisher einseitig punktuell und zentrisch gewesen. Er hat das geistige Rüstzeug, um die zentrischen Kräfte zu verstehen; kein Wunder, wenn er sie auch tatsächlich findet.

Lassen Sie mich nun der Kürze halber eine kategorische Behauptung aufstellen, die keineswegs so dogmatisch gemeint ist; denn wie jede andere wissenschaftliche Theorie wird sie nur ausgesprochen, um überprüft zu werden. *Die Kräfte der Natur, die in der Welt von Raum und Zeit zur Erscheinung kommen, sind nicht nur zentrisch; es gibt auch peripherische Kräfte.* Gerade so wie die reine Form des Raums im Lichte der modernen Geometrie zwischen Punkt und Ebene ausgeglichen ist, so sind es auch die in der Natur waltenden Kräfte; sie sind nicht nur punktueller oder zentrischer, sondern auch peripherischer oder ebenenhafter Natur. Mehr noch: wie im Bereich der zentrischen Kräfte der Mittelpunkt des materiellen Planeten, auf dem wir leben, mit anderen Worten, das Gravitationszentrum der Erde, für uns ein primär bedeutsamer Mittelpunkt ist, so ist im Bereich der peripherischen oder ebenenhaften Kräfte das, was wir als unendlich ferne Ebene oder als die unendliche Peripherie des blauen Himmels erleben, die äußerst wichtige Quelle der peripherischen Kräfte.

Ich möchte nun zu erklären versuchen, inwiefern dies der Schlüssel ist für dasjenige, was Sie wirklich tun, wenn Sie die Kraft Ihrer Heilmittel durch den rhythmischen Prozeß der Ausdehnung oder Verdünnung erhöhen. Doch lassen Sie mich zuerst darauf hinweisen, daß die Idee der peripherischen Kräfte nicht ganz neu ist. Diese Kräfte sind seit undenklichen Zeiten unter dem Namen »ätherische Kräfte« oder unter ähnlichen Bezeichnungen bekannt, und im Osten hat man ihre Realität stets anerkannt. Nun brauchen sie nur in den Begriffen der modernen Wissenschaft wiederentdeckt zu werden. Ein mehr oder weniger instinktives Wissen von ihnen lebte im 17. Jahrhundert traditionsgemäß noch fort, doch war es so konfus geworden, daß die neuere Wissenschaft, die sich auf das Experiment und den Verstand stützt, nichts mit ihnen anzufangen wußte. Zweifellos trug diese Tradition zur Bildung von Huyghens Idee eines »Licht-Äthers« bei, doch auch dieser wurde im Sinne von physischen und zentrischen Kräften interpretiert, was in dieser Beziehung ein Mißverständnis war, das von der Physik des 20. Jahrhunderts aufgegeben wurde. Andererseits gibt uns die reine Geometrie, die ihre Reife im 19. Jahrhundert erlangte, die Möglichkeit, die ätherischen, also peripherischen Kräfte in einer streng wissenschaftlichen Weise zu verstehen. Diese Kräfte stehen vor allem mit dem Reich des Lebendigen im Zusammenhang, geradeso wie die zentrischen (z.B. die Gravitations- oder elektromagnetischen Kräfte) am stärksten im Bereich der anorganischen Materie zum Ausdruck kommen. Sie können sensiblen und geistig entwickelten Menschen aus unmittelbarer Erfahrung bekannt sein, obwohl sie oft mit einem anderen oder mit gar keinem Namen bezeichnet werden.

118

Rudolf Steiner[9], dem ich in diesem Zusammenhang außerordentlich viel verdanke, war immer bemüht, dasjenige, was subtileren und geistigeren Erkenntnisformen zugänglich ist, mit der wissenschaftlichen Methode in Einklang zu bringen. So bezeichnete er in seinem in Zusammenarbeit mit Ita Wegman geschriebenen Werk »Grundlegendes für eine Erweiterung der Heilkunst nach geisteswissenschaftlichen Erkenntnissen« die ätherischen Bildekräfte des menschlichen und anderer lebendiger Organismen als im wesentlichen »peripherische Kräfte«. Er unterscheidet zwischen den Kräften, die von materiellen Mittelpunkten ausgehen und die vor allem im leblosen Bereich erscheinen, und einer anderen Art von Kräften, die nicht von einem irdischen Zentrum nach außen, sondern aus der Peripherie oder allgemein: aus der kosmischen Umgebung nach innen wirken. Ihren Raum-Charakter bezeichnet er knapp als »Kräfte, die keinen Mittelpunkt, sondern einen Umkreis haben«. Tatsächlich streben sie auf die materiellen Körper von Lebewesen und vor allem auf die Keimzentren neuen Lebens zu, doch der relative Mittelpunkt, auf den sie einwirken, ist nicht ihre Quelle, sondern eher ihr unendlicher Empfänger, ihr Aufpunkt. Wir müssen die gewohnten funktionellen Begriffe von Zentrum und Peripherie umkehren, um die richtige Vorstellung zu bekommen. Eine physische Kraft, die von einem Zentrum ausgeht, benötigt zu ihrer Ausstrahlung den Raum der Umgebung. Die unendliche Peripherie muß da sein, um sie aufzunehmen. So braucht eine ätherische oder peripherische Kraft den lebendigen Mittelpunkt, auf welchen sie hinarbeitet. Sie entspringt aus der Peripherie, aus den unendlichen Weiten und strebt auf einen Mittelpunkt zu, den sie belebt, genauso wie die physische Kraft einem konzentrierten Mittelpunkt entspringt und nach außen strebt.[10] Steiner selbst wies gegen Ende seines Lebens in Vorträgen vor Wissenschaftlern auf die projektive Geometrie als auf einen wertvollen Weg zur Entwicklung derartiger Ideen hin.

Die ätherischen oder peripherischen Kräfte haben naturgemäß mehr mit lebendigem Wachstum und mit Entwicklung, d.h. mehr mit dem »Werdenden« der Dinge zu tun. Gäbe es nur starre und vollendete Formen, so könnte uns die alte euklidische Geometrie genügen. Doch um das Werden und die Metamorphosen lebendiger Formen zu begreifen, brauchen wir ein beweglicheres Denken, ein solches Denken, das das Gleichgewicht zwischen zentrischen und peripherischen, architektonischen und plastischen Aspekten offenbart. Doch selbst die starrste Naturform, nämlich die Kristallform, läßt sich in einer viel tieferen Weise verstehen (wie jeder Kristallograph mit elementaren Kenntnissen von projektiver Geometrie bestätigen kann), wenn wir einsehen, wie das Kristallgitter aus einer archetypischen Struktur in der unendlichen Ebene, d.h. in der unendlichen Peripherie des universellen Raums, hervorgeht.[11] Wenn die neue geometrische Vorstellung einmal geweckt worden ist, werden Morphologie und Embryologie auf dem Gebiete der lebendigen Formen bekräftigen, was uns die einfache alltägliche Erfahrung der Pflanzenwelt sagt: wie das Leben auf der Erde von Kräften, die aus der Himmelsumgebung hereinströmen, genährt wird. Die Biologie versuchte diese Dinge bisher mit Begriffen zu verstehen, die der anorganischen Welt entlehnt sind, in welcher die zentrischen Kräfte vorherrschen. Wie Bertalanffy und andere ausgesprochen haben, war es für das biologische Denken in mancher Hinsicht ein Hindernis, daß es seine grundlegenden Begriffe von den nicht-biologischen Wissenschaften der Physik und der physikalischen Chemie borgen mußte. Nicht minder exakte Ideen sollten aus dem direkten Studium der lebendigen Erscheinungen ableitbar sein, genauso wie die mechanischen und elektromagnetischen Vorstellungen aus dem Studium der unlebendigen Dinge gewonnen worden sind. Man wird dann darauf kommen, daß die aus der Welt des Lebendigen gewonnenen Vorstellungen, statt eine Kluft zwischen dem Lebendigen und dem Unlebendigen mit sich zu bringen, vielmehr auch das Unlebendige selbst in einem tieferen Aspekt offenbaren können. Ein Leichnam läßt sich als Überrest eines einst lebenden Körpers verstehen. Doch das Lebendige mit der Wissenschaft vom Toten verstehen zu wollen bedeutet, den Wagen vor das Pferd zu spannen.

Die Natur offenbart der vorurteilslosen Betrachtung überall die Formen und die Signatur von aktiven Kräften, die nicht nur zentrischer, sondern auch peripherischer, ebenenhafter Natur sind. Ist das einmal bekannt, so wird auch die Erhöhung der Heilkräfte durch das Potenzierungsverfahren verständlich. In Hahnemanns »Organon«[12] findet sich eine Stelle, wo er zwischen dem Rohzustand der Materie und dem, was durch diese Bearbeitung bewirkt wird, unterscheidet: »daß die im rohen Zustande sich uns nur als Materie, zuweilen selbst als unarzneiliche Materie darstellende Arznei-Substanz, mittels solcher höheren und höheren Dynamisationen, sich endlich ganz zu geistartiger Arznei-Kraft subtilisirt und umwandelt...Ungemein wahrscheinlich wird es hiedurch, daß die Materie mittels solcher Dynamisationen (Entwicklungen ihres wahren, innern, arzneilichen Wesens) sich zuletzt gänzlich in ihr individuelles geistartiges Wesen auflöse und daher in ihrem rohen Zustande eigentlich nur als aus diesem unentwickelten geistartigen Wesen bestehend betrachtet werden könne.« (Man wird daran erinnert, wie die vielfältigsten wohlriechenden Düfte einer lebendigen Pflanze als physische Manifestation der ätherischen Kräfte und Eigenschaften galten; daher die traditionellen, bis heute fortlebenden Bezeichnungen. Im Englischen heißen sie »essential oils«, und der entsprechende deutsche Ausdruck lautet »ätherische Öle«. Wir kommen Hahnemanns Ansicht näher, wenn wir realisieren, daß die ätherischen, peripherischen Kräfte des Lebens, die aus der Himmelsumgebung auf die Erde hereinwirken, das Mittel sind, die rein geistigen Essenzen, auf welche die spezifischen Eigenschaften von Lebewesen zurückzuführen sind, in die physische Welt hereinzutragen. Ich glaube, das ist auch die Bedeutung von Hahnemanns oft zitiertem Ausdruck »geistartig«.)

Wir wollen diesen Gedanken noch etwas weiter verfolgen. Käme nur rohe Materie allein in Betracht, d.h. würde man den Bereich der zentrischen Kräfte, die sich in materieller Quantität und Schwere manifestieren, betonen, dann würde man natürlich erwarten, daß eine in einer verdünnten Lösung verhältnismäßig schwache Wirkung bei zunehmender Konzentration erhöht werden würde. Wir verringern das Volumen, mit anderen Worten, wir nähern uns dem Mittelpunkt. Doch falls die Substanz der Träger von ätherischen Eigenschaften peripherischen Ursprungs ist, wird die Erfahrung zeigen – und das ist geradeso natürlich, wenn wir uns einmal an diese Vorstellung gewöhnt haben –, daß die Wirkung nicht durch Konzentration, sondern durch Expansion erhöht wird. Zugegeben, diese Vorstellung ist zu einfach; denn was die Potenz wirksam macht, ist die rhythmische Folge von Dilutionen und Triturationen. Doch auch das kann im Sinne von Zentrischem und Peripherischem oder von physischen und ätherischen Räumen verstanden werden, und unsere Aufmerksamkeit wird damit auf ein Prinzip von großer Bedeutung gelenkt, dem wir uns ohne diese Ideen kaum nähern könnten.

Ich möchte das anhand eines vertrauten Vergleiches aus der Physik deutlich machen. Wir beobachten immer wieder, wie rhythmische Phänomene auftreten entlang und in der Umgebung einer zwischen zwei Endpunkten gespannten Geraden, z. B. einer Violinsaite, eines Monochords, ja sogar einer Orgelpfeife; oder auch zwischen den Polen einer Wimshurst-Maschine – es ist wohlbekannt, daß der Funke nicht eine einfache, sondern eine rhythmisch abwechselnde Entladung ist. Eine Spannung zwischen zwei Polen erzeugt ein Kräftespiel, welches einen Rhythmus hervorbringt.

Doch bei diesen rein physikalischen Beispielen ist jeder Pol punktähnlicher, zentrischer Natur. Ich glaube, die Wissenschaft wird nun eine tiefere und primärere Quelle rhythmischer Aktivität entdecken, die sich nicht mehr zwischen zwei Punktzentren oder zwischen den beiden Enden

121

einer Geraden, sondern zwischen Zentrum und Peripherie oder Punkt und Ebene in konzentrischen Kugeln abspielt und die viele verschiedene Formen annehmen kann. Die Spannung liegt nicht mehr zwischen zwei Punkten ähnlicher Art, die miteinander wie in einem Wettstreit des Tauziehens liegen, sondern zwischen polar entgegengesetzten Entitäten, die physischer bzw. ätherischer Natur sind. Diese sind mit der Polarität von Punkt und Ebene verwandt, von der man sich am leichtesten anhand der geometrischen Funktion einer Kugel, wie sie auf Abb. 1 und 2 (siehe Seite 114) zu sehen ist, eine Vorstellung bilden kann. Ich bin der Ansicht, daß in jeder chemischen Substanz eine derartige Polarität latent schlummert und daß es keine physische Materie gibt, die nicht letztlich aus dem Wechselspiel von zentrischen und peripherischen Kräften, d.h. von Kräften irdischen und kosmischen Ursprungs entstanden wäre. Die vor uns liegende physische Substanz ist in ihrem rohen und ruhigen Zustand der letzte Niederschlag einer Aktivität zwischen Zentrum und Peripherie oder, qualitativ ausgedrückt, zwischen Erde und Himmel. Ich denke, daß sich die Zahlenverhältnisse von Valenz und chemischer Zusammensetzung sowie die wundervollen Rhythmen der Spektrallinien als ein Ausdruck dieser Tatsache erweisen werden. Die Dichterworte »aus dem Überall ins Hier« gelten nicht nur für das Menschenkind, sondern für alle Lebewesen und ihrem letzten Ursprung nach für die Substanz der Erde selbst.

Bereits die einfachste Tatsache der Wissenschaft weist in diese Richtung, obwohl man das nur einsehen wird, wenn die Raumvorstellung, die man hat, aus der neuen Geometrie gewonnen wird. Stellen Sie sich einen Körper vor, der Licht und Wärme ausstrahlt, z.B. eine Kerzenflamme oder ein glühendes Stück Kohle. Die vom exakten Experiment bestätigte Tatsache der täglichen Erfahrung ist, daß sich die Strahlung als reines Phänomen in konzentrischen Kugeln um die Quelle ausbreitet. In den einseitigen Denkweisen der alten Geometrie und alten Physik wird die gesamte Aktivität der sichtbaren punktzentrierten Strahlungsquelle zugeschrieben, wobei der sie umgebende Raum eine reine Leere ist, in die hinein sich die Strahlung allmählich verliert und bei zunehmender Entfernung abschwächt. Doch im Lichte der neuen Geometrie hat das Bild der konzentrischen Kugeln nur als Beziehung zwischen Zentrum und unendlicher Peripherie einen Sinn. Das Zentrum ist der antwortende Punkt oder »Pol« der unendlich fernen Ebene; Kugeln sind konzentrisch, wenn dieser Punkt für sie alle derselbe ist. Nur dank ihrer gemeinsamen Beziehung zur kosmischen Peripherie *sind* die Kugeln konzentrisch. So bezeugt die Natur in

122

einem einfachen Strahlungsphänomen die Tatsache, daß die Peripherie in einer gewissen Weise ein aktiver Partner ist.

Etwas Ähnliches scheint übrigens in früheren Zeiten bekannt gewesen zu sein und wartet vielleicht nur darauf, auf eine mehr wissenschaftliche Weise wiederentdeckt zu werden. Ich sprach von Newtons Beziehung zu den Platonikern von Cambridge. Ein weiterer Zeitgenosse Newtons, der sich ebenfalls in diesen Kreisen bewegte, war Thomas Vaughan, der Bruder des besser bekannten Dichters Henry Vaughan. Vaughan war wie Newton selbst ein Alchemist und schrieb Bücher, die uns heute nur schwerverständlich sind. In seinem »Lumen de Lumine«[13] spricht er von einer »geistigen Feuer-Erde«, womit er offenbar etwas mit der Qualität eines Umfangs, einer die Erde umhüllenden kosmische Peripherie meint. Wer bis zu den großen Geheimissen dringt, sagt Vaughan, wird erkennen lernen, »wie der Feuer-Geist in der geistigen Feuer-Erde wurzelt und von ihr einen geheimen Einfluß empfängt.« Ja, mehr noch, er wird auch wissen, »warum aller Einfluß des Feuers der Natur des Feuers entgegen vom Himmel herunterkommt und herabsteigt... und warum dasselbe Feuer, wenn es einmal einen Körper gefunden hat, wiederum zum Himmel aufsteigt und in die Höhe strebt.« Solche paradoxen Ideen, wie sie uns von der klaren und stringenten Denkweise der neuen Geometrie nahegelegt werden, scheinen hier als unmittelbares Ergebnis einer mystischen Kommunion mit der Natur zum Ausdruck zu kommen.

Ich gestehe, der Gedanke, den ich bezüglich der Strahlung vor Sie hingestellt habe, ist zunächst rein geometrischer Art; die Natur allein kann zeigen, ob und wie er für die wirklichen Kräfte relevant ist. Doch im Lichte Ihrer eigenen Erfahrungen möchte ich hier gerade die folgende Ansicht zu äußern wagen: Insofern bei der Zubereitung homöopathischer Heilmittel die rhythmische Potenzierung eine wesentliche Rolle spielt, haben Sie es hier bereits mit einem Bereich zu tun, für welchen diese Art von Gedanken Geltung haben. Die Substanz, die Sie potenzieren, wurde ursprünglich aus der kosmischen Peripherie nach innen zu gebildet, vermittels einer individuellen rhythmischen, um nicht zu sagen, musikalischen Beziehung zwischen der kosmischen Peripherie und dem Erdmittelpunkt. Sie ist zwar an den irdischen Ort, an dem sie verbleibt, d.h. in der Wurzel oder dem Blatt einer Pflanze, im Metall- oder Kristall-Mineral, ja sogar in der Flasche auf dem Regal des Apothekers zur Ruhe gekommen. Doch dies ist nur ihre letzte Ruhestätte. Genau an dem Erdenort, an dem sie sich zuerst niedergeschlagen hatte, ist sie durch eine spezifische und individuelle Beziehung zwischen dem Erdplaneten und den unendlichen kosmischen

Sphären entstanden. In dieser Beziehung liegt das Geheimnis ihrer chemischen Individualität als Substanz sowie auch ihrer vitalen Natur, wenn diese noch im Bereich des Lebendigen eingebettet ist. Der Bildungsrhythmus wohnt ihr noch immer inne, und wenn die sorgfältige Hand des Apothekers, geführt von der Erfahrung und inspiriert vom Helferwillen, sie dem rhythmischen Prozeß der Ausdehnung unterwirft und sie vermittels Trituration oder Sukkussion mit dem räumlichen Medium, das sie aufnehmen soll, verbindet, so wird dadurch die Gelegenheit herbeigeführt, daß der ursprüngliche Bildungsrhythmus wieder aufleben kann und die latente Verbindung der Substanz mit den Heil-Essenzen des Kosmos wiederhergestellt wird. Man wird an den Ausspruch des Novalis erinnert: »Jede Krankheit ist ein musikalisches Problem – die Heilung eine *musikalische Auflösung.*« Und mehr: Steht das Bild, das ich entworfen habe, nicht mit Hahnemanns eigenen, oben zitierten Worten im Einklang, wenn er von der geistartigen Individualität der Substanz spricht, die im rohen Stoff verborgen schlummert?

Falls die Hauptthese, die ich Ihnen dargelegt habe, stimmt, eröffnet sich der Wissenschaft ein neues Kapitel, das sie dem Leben und besonders dem menschlichen Leben näherbringen wird. Die Arbeit in der neuen Richtung macht Fortschritte, sowohl in bezug auf die Biologie als auch in ihrer Relevanz für die Fakten der Chemie und der Physik.[14] Der Begriff des ätherischen Raumes als des natürlichen Wirkfeldes der lebendigen Bildekräfte, den ich hier nur in allzu großer Kürze darstellen konnte, kann mit vollkommener mathematischer Präzision ausgearbeitet werden. Und, wie es oft passiert, wenn eine Idee wirklich fruchtbar ist, entdeckt man, daß man dabei nicht allein ist; daß das, was scheinbar neu ist, in einem großen Teil der früher geleisteten wissenschaftlichen Arbeit geahnt, angedeutet und enthalten war. Die scheinbar unüberbrückbare Spaltung zwischen einer orthodoxen wissenschaftlichen Weltanschauung und den Bereichen menschlichen Könnens und menschlicher Erfahrung, die im heute allgemein anerkannten System keinen Platz finden, wird, ohne einer der beiden Seiten unrecht zu tun, überwunden, wenn ein neuer Aspekt ins Blickfeld tritt. Ich glaube, so etwas will gerade jetzt geschehen, und dadurch wird auch Ihr Beruf neues Leben und neuen Sinn erhalten.

Fragen und Antworten

Beschränkt sich das Physische auf die Erden-Sphäre? – Ist es ein Attribut unseres Sonnensystems? – Erstreckt es sich bis zu den fernen Räumen des Universums?

Ich glaube, wenn wir den Antworten auf letzte Fragen dieser Art wirklich näher kämen, so würden wir als eines der ersten Dinge entdecken, wie wenig wir die Tragweite unserer Fragen kennen. Wir müssen lernen, wie und was zu fragen. Lassen Sie mich jedoch von der offensichtlichen Bedeutung dieser Fragen für das gewöhnliche moderne Bewußtsein ausgehen – selbst wenn sie sich nachträglich als illusorisch erweisen sollten.

Das »Physische« ist, für praktische Zwecke, das, was wir mit physischen Mitteln und insofern als wir uns in unseren physischen Körpern befinden, erreichen können, – damit meine ich, was wir *vorstellungsmäßig* erreichen können. Die Spitze des Mount Everest zu erreichen mag sich als ein die menschliche Ausdauer übersteigendes Unterfangen darstellen; doch niemand hätte das je für unvorstellbar gehalten, mindestens nicht seit den Tagen, in denen das Bergsteigen aufgekommen ist. Wir wissen, daß die Spitze des Everest physisch »dort« ist; ob sie durch Klettern tatsächlich erreicht werden kann, ist eine eher relative Frage.

Angesichts der erfolgreichen Bemühungen, mit Raketen, Sputniks, künstlichen Satelliten und der unbegrenzten Phantasie von Wissenschaftlern und Populär-Schriftstellern das physische Weltall zu durchmessen, sind die oben gestellten Fragen über die Reichweite des »Physischen« durchaus aktuell. Doch die meisten Menschen würden sie, denke ich, auch ohne solche praktischen Bezüge für bedeutungsvoll halten. Wenn eine Sache einmal tatsächlich vollbracht ist, und mehr noch, wenn sie, wie das Fliegen mit Maschinen, die schwerer als die Luft sind, zu einem festen Bestandteil des täglichen Lebens geworden ist, fällt es schwer, sich daran zu erinnern, daß ihre Möglichkeit je bezweifelt wurde. Ich werde deshalb einen möglichen Widerspruch in Kauf nehmen, wenn ich behaupte, daß vor nicht sehr vielen Jahren die meisten Menschen, und nicht nur jene, die dazu spirituelle Gründe haben, die Vorstellung, daß der Mensch die Planeten unseres Sonnensystems, ja selbst den Mond mit physischen Mitteln erreichen könnte, als absurd zurückgewiesen hätten. Ich bezweifle, daß wir es (abgesehen von sehr wenigen, zu denen ich mich selbst nicht unbedingt zählen möchte) überhaupt für durchführbar hielten, daß ein bemannter oder unbemannter künstlicher Erdsatellit abgeschossen wird.

Die Errungenschaften der letzten paar Jahre sollten sowohl den gewohnheitsmäßigen Skeptiker als auch den sichersten Dogmatiker zur Vorsicht mahnen. Wir wollen jedoch der Diskussion halber annehmen, daß irgendeiner unserer Zeitgenossen, vielleicht ein Physiker oder ein Physiologe, absolut sicher ist, daß der Mensch niemals die Venus oder sagen wir, den Saturn erreichen wird. Er mag gute wissenschaftliche Gründe dazu haben, doch wird er aus der gewöhnlichen Weltanschauung unserer Zeit heraus nicht daran zweifeln, daß Venus und Saturn tatsächlich »dort« sind. Ich möchte die Frage deshalb nun auf dieser Ebene betrachten. Sind die Fixsterne, die Planeten unseres Sonnensystems sowohl physische wie geistige Realitäten? (Die meisten Leser des *Golden Blade* werden von Letzterem überzeugt sein; nur Ersteres steht zur Diskussion.)

Doch, sind wir wirklich sicher, daß wir wissen, was wir meinen, wenn wir die Frage auf eine solche Weise stellen? Wir erhalten unsere Vorstellung von dem, was physisch ist, durch den Kontakt mit irdisch-materiellen Dingen, vor allem durch die irdisch-materielle Realität unseres eigenen Körpers. Wir mögen noch so philosophisch eingestellt sein, über einen gewissen »naiven Realismus« kommen wir in dieser Beziehung nur schwer hinaus.

Wir glauben zu wissen, was wir meinen, wenn wir fragen, ob eine Erscheinung, mit anderen Worten, etwas, was wir sehen, die Gegenwart einer physischen Wirklichkeit offenbart oder nicht. Doch wenn wir sorgfältiger darüber nachdenken, sei es, in einem rein philosophischen Sinne (mit einer kritischen Erkenntnistheorie) oder im Lichte der Geisteswissenschaft oder selbst der Physik des 20. Jahrhunderts, dürften wir diesbezüglich etwas von unserer Sicherheit verlieren. Die fortschrittlichen wissenschaftlichen Theorien von heute lassen, abgesehen von rein praktischen Zwecken, nicht mehr viel Raum für einen altmodischen naiven Realismus materialistischer Art übrig!

Trotzdem gibt es gewisse als wissenschaftlich geltende fixe Ideen oder zumindest gewisse fixe Ideenrichtungen, die die Überwindung von geistigen Illusionen oder das vorurteilslose Stellen dieser Fragen erschweren. Etwas vom Wertvollsten, was wir von Rudolf Steiner lernen, ist, in der Anwendung unseres Denkens sorgfältiger zu werden und uns auch über unser wissenschaftliches Denken selbst mehr Gedanken zu machen. Wir bilden unsere Urteile und ziehen unsere Schlüsse. Doch im täglichen

Leben werden diese Urteile und Schlüsse dauernd auf die Probe gestellt. Wir haben wiederholt Gelegenheit, unsere Gedanken anhand der äußeren Wirklichkeit zu revidieren oder zu korrigieren. Ein Mensch, der das unterläßt, wird bald als Illusionär, als jemand, der an fixen Ideen leidet, oder sogar als Verrückter gebrandmarkt.

Auch in der Wissenschaft setzt der Mensch seine Gedanken dauernd dem Test von Beobachtung und Experiment aus. Immer wieder beginnt er, die in der Natur waltenden Gedanken zu erkennen. Er denkt voraus und meint, er würde sie wahrnehmen; er bildet Hypothesen. Doch er denkt nicht sehr weit voraus, ohne zum Kriterium der äußeren Wirklichkeit zurückzukehren. Wahre Wissenschaft ist somit ein fortwährendes Verweben des aktiven Denkens mit der sinnlichen Wahrnehmung der Welt. Dazu gehört auch die Wahrnehmung von Erscheinungen, die wir durch das bewußt durchgeführte Experiment hervorgerufen haben; in dessen Anordnung haben unsere tastenden Gedanken zwar ihre Rolle gespielt, doch gerade die Durchführung des Experiments selbst ist ein Beweis dafür, daß wir unsere Gedanken in bescheidener Weise dem endgültigen Urteil der Natur unterstellen.

Nun machen wir aber Experimente oder suchen nach Gelegenheit zur weiteren Beobachtung mit unseren physischen Körpern. Eine der großen Schwierigkeiten der herrschenden Wissenschaft, sowohl in ihrem eigenen Bereich als auch im Bereich ihrer populären Darstellungen, ist die Tatsache, daß sie sich der Forderung eines Gleichgewichts zwischen Denken und Erfahrung nur in ungenügendem Maße bewußt ist und es zu wenig beachtet. Besonders, wenn logisch klare und mathematisch stringente Gedankengebilde vom wissenschaftlichen Bewußtsein Besitz ergreifen, überschätzen wir ihre Tragweite nur allzu leicht, indem wir jenen Respekt für die Wirklichkeit, – d.h. die Wirklichkeit der äußeren Erfahrung, an die wir im Alltagsleben bald genug erinnert werden, wenn unser Denken vom Boden abhebt, – unbewußt verringern, wenn nicht gar völlig vergessen. (Anthroposophisch ausgedrückt steht der Wissenschaftler seit der Zeit von Kopernikus unter einem starken luziferischen Einfluß, denn es ist Luzifer, der uns in unserer Einbildung eitel macht, selbst wenn diese Einbildungen, wie schon der Ausdruck nahelegt, zunächst in Begriffsgebilden bestehen, die aus sorgfältigem und aktivem Denken hervorgegangen sind. Das ahrimanische Ergebnis einer materialistischen Wissenschaft und Technologie ist sozusagen das unvermeidliche Karma einer stark luziferischen Tendenz in der subjektiven Verfassung des wissenschaftlichen Denkens.)

Und gerade in dieser Beziehung besteht ein sehr großer Unterschied

127

zwischen der Astronomie und denjenigen Wissenschaften, die es mit irdischen Gegenständen zu tun haben, die nicht nur unserem Gesichts-, sondern auch unserem Tastsinn zugänglich sind. Wenn wir experimentieren, gleichen wir dem kleinen Jungen, von dem Harwood sagt: »Ich will mit meinen Händen sehen.« Wenn wir auf den Gebieten der Mineralogie, Chemie oder Biologie durch das, was wir mit unseren Augen oder mit anderen Sinnen wie dem Gehörsinn, dem Geschmack- oder dem Tastsinn auffassen, zu Gedanken über die Gegenstände, von denen diese Wahrnehmungen herrühren, kommen, dann können wir mit ihnen meistens so umgehen, daß wir sie absichtlich in neue Beziehungen bringen und sie neuen Bedingungen aussetzen. Es liegt also in der Natur der Sache, daß unser Denken in genügendem Maße durch die Erfahrung ausgeglichen wird oder zumindest ausgeglichen werden kann. Bei astronomischen Wahrnehmungen liegt das anders. Grob gesagt, das 50:50-Verhältnis zwischen Erfahrung und rein theoretischem Denken wird in der Astronomie statt dessen zu einem solchen von 10:90. Und selbst das ist noch zu hoch gegriffen, wenn wir über das Sonnensystem hinausgehen; für die Fixsterne und dasjenige, was wir heute Galaxien nennen, kommt trotz all unserer Spektroskope, empfindlichen Filme, Radioteleskopen etc. meiner Ansicht nach ein Verhältnis von 1:100, wenn nicht gar 1:1000 in Betracht. Im allgemeinen macht man sich das nicht klar, weil gewisse »fixe Ideen« das moderne Bewußtsein gerade an dieser Stelle stark besetzen. (Ich möchte dies nicht von vornherein als erwiesen hinstellen dadurch, daß ich sie so bezeichne; schließlich stellt sich manchmal heraus, daß auch eine fixe Idee wohlfundiert war.)

Zuvorderst in der Reihe dieser fixen Ideen steht die des euklidischen Raumes, d.h. des Raum-Typus, den wir uns vermittels der geistigen Struktur unseres physischen Körpers denken und vorstellen können und den wir in den Maßen und den Bewegungsgesetzen der uns umgebenden irdisch-physischen Objekte bestätigt finden. Es ist eine »fixe Idee« anzunehmen, daß diese Art von Raum sich bis in das fernste Universum erstrecke. Zwar beschäftigt man sich heute, dank der Theorie von Einstein und anderen Astrophysikern einer späteren Generation, mit gewissen Modifikationen von dieser Raumvorstellung. Doch diese Modifikationen, wie etwa das vierdimensionale Raum-Zeit-Kontinuum, die als Krümmung des Raum-Zeit-Kontinuums interpretierte Gravitation oder das »sich ausdehnende Universum« etc., stellen in bezug auf die Qualität des Denkens keine wesentliche Veränderung dar. Ganz im Gegenteil, sie sind ebenfalls ein Zeugnis des bis heute vorhandenen tief euklidischen und zentrischen Vorurteils im wissenschaftlichen Denken über den universellen Raum. Diese Modifikationen mögen verschiedene Antworten geben, doch sie verraten alle die relativ fixe und einseitige Denkweise, welche den Fragestellungen zugrunde liegt.

Die wirklichen Erscheinungen sagen uns lediglich, daß ein Universum außerhalb der Erde in Form von Licht und anderer Strahlung in unseren Erdbereich hereinscheint. Wir selbst sind es, die, meist ohne uns der Fragwürdigkeit dessen bewußt zu sein, den Schluß ziehen, daß der gleiche Raum, den wir inmitten der irdischen Gegenstände messen, berühren und beherrschen können, sich auch bis ins fernste Universum erstrecke. Wenn gefragt wird: »wie weit in das Universum hinaus erstreckt sich das Physische?«, dann steckt in dieser Frage unbewußt die andere: »wie weit in das Universum hinaus ist es überhaupt berechtigt, im Sinne einer irdischen Form von Raum zu denken?« Denn das Physische ist, sowohl in bezug auf sein Wesen und seinen geistigen Ursprung als auch auf unsere wirkliche Erfahrung, gerade mit dieser Form von Raum tief verknüpft.

Nun müssen wir zugeben, daß die Wissenschaft seit Newton in bezug auf das Sonnensystem die denkbar größte Förderung erfahren hat. Die Hypothese, daß im ganzen Planetensystem eine irdische Art von Raum, ja sogar Kräfte irdischer Art, wie z.B. die Kräfte von Gravitation, Gewicht oder Beschleunigung, herrschen, war so erfolgreich, wie es nur je eine Hypothese war! Zu der ganzen Präzision der Gravitationstheorie (die z.B. durch Berechnung und Voraussage zur Entdeckung des Neptun führte) kommen solch wundervolle Leistungen hinzu wie die Schätzung der Lichtgeschwindigkeit aus leicht veränderten Rhythmen in der Erscheinung der Jupitermonde oder der Schatten, die sie auf den Planeten werfen.

All das ergibt ein derart überzeugendes System, daß man vergißt, daß die Theorie auf einer ganzen Reihe von vorgegebenen Vorstellungen beruht. Denn Newtons Theorie geht nicht von den Erscheinungen, die wir sehen, aus, d.h. von den rhythmischen Veränderungen in den Stellungen der Planeten zu den Fixsternen, die zu den seltsamen scheinbaren Schleifen und Rückwärtsbewegungen führen, sondern vom Bild, von der geistigen Konstruktion, in deren Sinne uns Kopernikus und Kepler über diese Phänomene zu denken lehrten. Nur ein viel kritischeres Nachdenken über das Verhältnis des menschlichen Denkens zur Realität wird uns in dieser Beziehung »zum Stehen bringen«; ohne ein solches gleiten wir unbemerkt in die sichere Überzeugung, daß das mechanische und irdisch-räumliche Bild des Sonnensystems im selben Sinne die Wirklichkeit vertritt, wie meine Vorstellung vom Eiffelturm die Wirklichkeit, die ich, ginge ich morgen nach Paris, dort antreffen würde. Wenn wir die mechanischen Gedankenformen auf das Keplersche Bild der sich in elliptischen Bahnen um die Sonne bewegenden Planeten anwenden, sind wir nicht in derselben Lage, wie wenn wir diese Gedankenformen auf ein schwingendes Pendel oder auf die Drehung eines Kreisels anwenden. Denn in letzterem Falle denken wir über einen Gegenstand nach, den wir sehen, mit dem wir hantieren können und dessen Beziehung zu unseren Gedanken auf diese Weise überprüft und kontrolliert werden kann, während der Gegenstand unseres Nachdenkens im ersteren Fall ein Gedankenbild ist, das wir selbst aus dem beobachteten Phänomen durch mathematische Analyse erst herausgelöst haben. Das *beweist* nicht seinen illusorischen Charakter – die Frage bleibt offen. Doch wir sollten uns wenigstens des enormen Unterschieds zwischen dem einen und dem andern Fall bewußt sein. Die heutige Wissenschaft ist sich dessen nicht bewußt.

Wir wollen nun auf die Frage tiefer eingehen und dabei gewisse Erkenntnisse der Geheimwissenschaft voraussetzen: Was ist das Charakteristische für das Physische? Man könnte viele Antworten geben; das Folgende ist nur einer unter anderen möglichen Wegen zu deren Beantwortung. Die Entwicklung des Physischen begann auf dem alten Saturn. Es führte schließlich zum physischen Körper des Menschen, so wie er auf der Erde ist, d.h. zum Werkzeug für das menschliche Ich. Was immer auch die letzte geistige Bestimmung der menschlichen Ichheit sein mag, unsere erste Erfahrung von ihr wird von der Tatsache hervorgerufen, daß wir während des Erdenlebens in einem physischen Körper leben. Eines der Hauptkennzeichen dieses physischen Körpers wie auch aller übrigen uns umgebenden physischen Gegenstände ist seine Beziehung zum Erdmittelpunkt, für welche das abwärts ziehende Gewicht die deutlichste wenn auch nicht die einzige Manifestation ist. So ist die Beziehung der menschlichen Ichheit zu den Erfahrungen, die sie dadurch gewinnt, daß sie einem physischen Körper innewohnt, letzten Endes eine geistige Beziehung zur Erde selbst – vor allem zum Erdmittelpunkt. Denn auch das Physische ist eine besondere Erscheinungsform des Geistigen. Die Gravitationskräfte sind tief geistige Kräfte, die sich in der physischen Welt manifestieren. Wenn das nicht so wäre, hätte es seit Newtons Zeit nicht der geistigen Aktivität mathematischen Denkens bedurft, um in ihre Wirkungsweise einzudringen und sie zu verstehen.

Rudolf Steiner erklärt in den »Anthroposophischen Leitsätzen«, wie von den vier Gliedern des menschlichen Wesens – der sogenannten »niederen Vierheit«: physischer Leib, Äther, Astralleib und Ich – zwei besonders mit dem zentrischen und zwei mit dem peripherischen Aspekt des Kosmos zusammenhängen. »Die Kräfte, die den Ätherleib in die Welt hineinstellen, kommen aus dem *Umkreis* der Welt, wie die für den physischen Leib aus dem *Mittelpunkt* der Erde strahlen.« Doch derselbe Kontrast und dieselbe Polarität gilt auch für den Astralleib und das Ich. »Das Astralische strömt aus dem *Umkreis* des Weltenalls ... Alles aber, was sich auf Gestaltung des Ich als Träger des Selbstbewußtseins bezieht, muß von einem *Sternmittelpunkt* ausstrahlen.« In dieser Beziehung ist auch die Erde ein Stern. »Das Astralische wirkt aus dem Umkreis, das Ichmäßige aus einem Mittelpunkt. Die Erde als Stern impulsiert von ihrem Mittelpunkt aus das menschliche Ich. Jeder Stern strahlt von seinem Mittelpunkte aus Kräfte, von denen das Ich irgendeiner Wesenheit gestaltet ist. –So stellt sich die Polarität von *Sternmittelpunkt* und *kosmischem Umkreis* dar.«[2]

In diesem Lichte betrachtet, sieht die praktische und vielleicht auch die geistige Tragweite der Frage folgendermaßen aus. Wie weit in den Kosmos hinaus kann der Mensch jene Erfahrung und jene Ichkraft ausdehnen, welche er dem Besitz eines physischen Körpers auf der Erde verdankt? Manche Leute würden zweifellos sagen: wie weit ist er dazu *berechtigt?* Innerhalb des geistigen Rahmens der herrschenden Wissenschaft sind wir eher geneigt zu fragen, ob etwas von Natur aus möglich ist, als zu fragen, ob es richtig ist. Wir halten es für ziemlich selbstverständlich, solange das Ergebnis nicht offensichtlich *rücksichtslos* und *grausam* ist, daß die Möglichkeit einer technischen Errungenschaft in der Natur der Sache liegt und deshalb berechtigt ist. Wir gehen nach allen Richtungen »aufs Ganze«.

Doch der Mensch lebt in dieser Welt zusammen mit den Göttern, seinen Schöpfern, denen er seinen dreigegliederten Leib und sein Ich verdankt und die seine gegenwärtige und seine zukünftige Erfüllung erwarten. Genau da, wo das Physische und die Beziehung des Ich zum Erdmittelpunkt (dem Reich der Gravitation und ähnlichen Kräften) in Frage kommt, haben die Götter die ahrimanischen und andere geistige Gegenmächte zugelassen. So finden wir im Bereich des irdischen Raumes und der irdischen Kräfte nicht nur die klaren Archetypen der göttlichen Weisheit, z.B. in den erhabenen Formen des Kristalls und den reinen architektonischen Begriffen des Menschen, sondern auch den kalten und lieblosen Geist Ahrimans. Ganz unbewußt kämpfen wir hier mit »Herrschaften und Mächten«. Vor allem tun wir dies bei unseren technischen Leistungen. Die dem Raume zugrundeliegenden Gedanken sind göttlich; doch daß die Welt des Raumes hartgefroren ist, daß die mechanischen und ähnliche Kräfte kalt berechenbar sind und unerbittlich und automatisch funktionieren, ist auf Ahrimans Herrschaft zurückzuführen. Auch das ist weise und notwendig, denn die Begegnung mit Ahriman stärkt den Menschen auf lange Sicht und weckt in ihm durch den Gegensatz den Mut zum geistigen Abenteuer, den Sinn für Verantwortung, den jeder Baumeister, jeder Handwerker, jeder Ingenieur und jeder Techniker kennt, ja, sie weckt schließlich auch menschliche Liebe und Fürsorge, mit der der Gegner schließlich überwunden und verwandelt werden muß.

Ich glaube, daß auch das nicht ohne Belang ist, denn die Frage: wie weit in den Kosmos hinaus erstreckt sich das Physische? ist gleichzeitig die Frage: wie weit hinaus erstreckt sich oder wird sich erstrecken das Reich Ahrimans? – des »Härters festen Bodens«, wie er sich in Rudolf Steiners Mysteriendramen nennt – das Reich, mit dem sich der Mensch während seines irdischen Lebens auseinandersetzen muß? Das Ich des Menschen ist ein Geistwesen. »Der Mensch ist ein Gott in Ruinen«, sagt Emerson. Heute räumt er die Ruinen äußerlich, wenn auch nicht innerlich auf, er schafft jede Unebenheit, die ihm in die Quere kommt, aus dem Wege und wird zu einem Gott unter Maschinen! Wie weit wird er in dieser Richtung gehen können? Welches ist das Gleichgewicht zwischen den kosmischen Mächten, den guten Göttern und den geistigen Widersachern, und dem Menschen selbst, dem »Weltkind in der Mitte«? Wir wissen es nicht, und wir können auch nicht behaupten, daß uns das irgendeine geistige Lehre ein für allemal sagen könnte.

Vielleicht merken wir allmählich, daß es sich nicht mehr nur um eine statische Frage handelt: Wie ist das Universum in dieser oder jener Beziehung aufgebaut? Im weiteren Rahmen kann die Frage den Charakter des Eddingtonschen Problems »Entdeckung oder Erfindung« annehmen. In diesem Fall werden wir nicht bloß entdecken, daß das Universum so und so ist; wir werden dazu beitragen, daß es sich so und so gestaltet. Dann wird die Verantwortung diejenige eines Ingenieurs, nur in viel größerem Maßstab. Denn, um den Vergleich weiterzuführen, das Kraftwerk, das wir betreuen, oder der Damm, den wir bauen, versorgt und beschützt oder aber gefährdet nicht nur das Leben einer nahen Gemeinde, sondern das Schicksal unseres Planeten und der ganzen Welt, das Wohl und Weh der gesamten Menschheit.

Beim Nachdenken über diese Frage fällt mir das Bild einer durchsichtigen Flüssigkeit ein, in welcher eine verhältnismäßig kleine Menge eines chemischen oder biologischen Einflusses zur Gerinnung führt. Sie beginnt an einem bestimmten Punkt und breitet sich über die ganze Flüssigkeit aus, verfestigt, was flüssig war, trübt, was durchsichtig war. Ist das Ich des Menschen in Verbindung mit den ahrimanischen Wesen mit einem solchen Gerinnungseinfluß vergleichbar? Ist es möglich, daß gewisse Bereiche des Kosmos, die im irdischen Sinne weder physisch sind noch waren, dies durch das Denken, den Willen und die Handlungen des Menschen dennoch bis zu einem gewissen Grade werden können? Denn der Mensch ist ja tatsächlich nicht allein, sondern mit geistigen Mächten, die viel älter und unendlich mächtiger als er selbst sind, verbündet.

In diesem Falle werden wir bei unseren kosmonautischen und biologischen Abenteuern (man denke an die Biochemie mit ihren unendlichen Möglichkeiten, jedoch auch, wie man heute erkennt, ihren wachsenden Gefahren) bald den Punkt erreichen, an dem wir realisieren werden: »Wir können und dürfen nicht einfach weiterhin ins Leere hinaus experimentieren.« Wir werden nicht nur durch Theorie, Beobachtung und Experiment zu einer wahren Erkenntnis der Natur des Kosmos kommen, sondern durch den Willen und die Absicht, mit denen wir das Leben der ganzen Menschheit führen. Ethischer Wille und Absicht beinhalten immer Wahl und Unterscheidungsvermögen. Wir werden dafür mit einer tieferen wissenschaftlichen Einsicht entschädigt, allerdings nicht in die gleichgültigen und teilnahmslosen Fragen, welche das bloße »Beobachter-Bewußtsein« gerne über die Welt stellt, sondern einer tieferen Einsicht in die bewußt gewählten kosmischen Richtungen, in unsere freien und intelligenten kosmischen Entscheidungen, in denen unsere ganze Menschlichkeit und nicht nur unser Intellekt eine Rolle spielt.

Einstein schrieb kurz vor seinem Tod das Vorwort zu einem Buch von Charles Noël Martin, einem hervorragenden französischen Atomphysiker der jüngeren Generation, worin dieser gegen die allzu billigen Beschwichtigungen mancher seiner wissenschaftlichen Kollegen, die die Gefahren von Atomexplosionen bagatellisieren, kräftig protestiert. Martin schließt mit dem Bild einer vielleicht nicht allzu fernen Situation, in der die für diese Entdeckung verantwortlichen Wissenschaftler vor dem Urteil der Menschheit zur Rechenschaft gezogen werden. Und er fügt hinzu, daß die Anklage zu Recht bestehe, denn das Urteil der ganzen Menschheit sei schließlich der Wahrheit näher und müsse respektiert werden, wie weise in ihrem eigenen Bereich die Spezialisten auch sein mögen.

Martin berührt hier etwas tief Bedeutsames. Das Leben der heutigen Menschheit wird von ganz anderen Dingen bewegt als von einseitigen wissenschaftlichen Spekulationen und den sich daraus ergebenden Taten, welche das kosmische Weltbild, das mit Galilei und Newton anhob, auf die Spitze treiben. Die Epochen der menschlichen Zivilisation laufen in ihren Übersteigerungen immer auf ein äußerstes Extrem zu. (Denn bei aller Bewunderung und allem Respekt für die erstaunliche Leistung, für den ungeheuren wissenschaftlichen Fleiß, den menschlichen Mut und die Hingabe ist es bestimmt eine Hypertrophie, Tonnen von schwerer Materie in den Kosmos zu schleudern und dort die Bedingungen zu rekonstruieren, unter denen der Mensch immer noch in einem Körper leben kann, dessen Bestimmung doch das Begehen der Erde ist.) Doch im umfassenderen Leben der Menschheit ist auch dasjenige vorhanden, was früher oder später nach einer Wiederherstellung des Gleichgewichts strebt.

Das Streben unserer Zeit nach einer intimeren Kenntnis der uns umgebenden planetarischen Sphären und des Bereichs der Sonne und der Fixsterne ist ein echtes Bestreben. Es wird seine Erfüllung finden in der Entdeckung des ätherischen und geistigen Aspektes des Kosmos, in der Erweckung von Erkenntniskräften, die nicht nur zum Intellekt, sondern zum ganzen menschlichen Leben einschließlich des Schlafes gehören, in dem wir ohne plumpe Raumschiffe in jenseitige Welten reisen. Es sind dieselben Erkenntniskräfte, die wir auch benötigen, um mit den sozialen und menschlichen Fragen, denen wir auf keinen Fall aus dem Wege gehen können und die, werden sie nicht gelöst, leicht zu einem »Babel« werden können, auf schöpferische Weise fertig zu werden. Wie die nicht weniger erzwungenen und zwingenden Versuche, der sozialen Frage mit starren Dogmen und despotischen Methoden zu begegnen, ist die menschliche Frage die Kehrseite des wahren Gefühls gegenüber unserer menschlichen und kosmischen Zukunft, welches sich in der heutigen Menschheit regt. Denn es ist die Bestimmung des Menschen, daß er, nachdem er auf der Erde die Ichheit erworben hat, wiederum in den Kosmos hinauswächst. Dieses Gefühl, das in sich selbst gut ist, wird vom ahrimanischen Einfluß ergriffen und irregeführt. In diesem Sinne ist der Versuch, die Planeten physisch und mechanisch zu erreichen, eine Karikatur der Zukunft. »In ahrimanische Verlockungen verfallen«, schreibt Rudolf Steiner in einem seiner letzten Briefe an die Mitglieder, »heißt nicht warten wollen, bis bei einem bestimmten Grade des Menschentums der rechte kosmische Augenblick gekommen ist, sondern diesen Grad vorausnehmen wollen.« So verlockt Ahriman den Menschen »in Zukunftsgestaltungen, die seinen Hochmut befriedigen, die aber noch nicht *seine* gegenwärtigen sein können.« Doch im selben Brief lesen wir auch vom wahren kosmischen Führer des Menschen: »Christus trägt in sich in kosmisch gerechtfertigter Art die

134

Zukunfts-Impulse der Menschheit. Sich mit ihm verbinden, heißt für die Menschenseele ihre eigenen Zukunftskeime kosmisch gerechtfertigt in sich aufnehmen.«[3]

Es ist bedeutsam, daß einige unserer Zeitgenossen, welche die allgemein menschlichen und sozialen Probleme unserer Zeit sehr deutlich spüren (die, ich möchte sagen, in ihrem Herzen stärker vom Christus-Impuls berührt sind, wie sie ihn auch immer bezeichnen mögen) gegen die Aufwendung riesiger Geldsummen für den Versuch, den Mond zu erreichen, ihre Stimme erheben. Sie meinen, wir sollten unsere wissenschaftlichen Projekte und unsere Mittel dazu verwenden, uns auf einer nahen und allgemein menschlichen Basis gegenseitig zu helfen.

Was nun den Kosmos betrifft, so mag man wahrscheinlich nach einer bestimmteren Antwort suchen. In diesem Fall wird man in den Vorträgen Rudolf Steiners, oder, wie ich annehme, auch in den Werken anderer Okkultisten, die aus eigener Erkenntnis sprechen, Licht und Führung finden, wenn auch keine einzige oder eine offensichtlich mit anderen übereinstimmende Antwort. Der Begriff »physisch« beinhaltet auf einer okkulten und geistigen Ebene weit mehr, als er dem unbekümmerten wissenschaftlichen Geist des 19. Jahrhunderts oder selbst der Gegenwart bedeutet. Außerdem beinhaltet er je nach dem Zusammenhang, in welchem er gebraucht wird, verschiedene Dinge. In seinem letzten Pfingstvortrag[4] sagte Rudolf Steiner, daß man das Physische im Kosmos nicht weit über den Erdbereich hinaus finden könne, ganz bestimmt nicht im Bereich der Fixsterne. Aber er hat nicht ausnahmslos in diesem Sinne gesprochen. In welchem Zusammenhang die entsprechenden Äußerungen auch stehen, man wird stets auf einen deutlichen Faden des Verständnisses und der Erhellung stoßen. Denn diese Dinge sind aus einer Übersetzung von Tatsachen und Wahrheiten, die in geistigen Reichen erfahren wurden, in vertraute Ausdrücke und Begriffe hervorgegangen, und zwar in einer solchen Weise, daß dadurch das aktive Denken angeregt wird. Doch Rudolf Steiner bediente sich bei der Übersetzung nicht immer desselben Vokabulars, gleichsam desselben Wörterbuchs. Es wäre falsch zu schließen, daß die Geisteswissenschaft die heute herrschenden Vorstellungen der Astronomie kategorisch ablehnt. Sie möchte uns vielmehr von festgefahrenen Schlußfolgerungen befreien. Sie wird uns bei vernunftgemäßen Begriffen (im Unterschied zu wilden spekulativen Ausschweifungen) zur Frage führen: in welchem *Sinne* sind sie wahr? Ich möchte ein Beispiel geben. Die Newtonsche Erklärung schreibt »Masse«, d.h. im wesentlichen Schwere, innerhalb des Planetensystems nicht nur der Erde, sondern auch allen anderen Planeten zu. Doch diese Vorstellung ist auch der Geisteswissenschaft nicht fremd, mit dem Unterschied, daß für sie die Schwere keine bloß mechanische Quantität ist; sie ist qualitativer, wesentlich geistiger Natur, und zwar in Wirklichkeit auch auf der Erde. Wie Rudolf Steiner darstellt, erlebt die Seele des Menschen, die sich auf dem Wege zu einer neuen irdischen Inkarnation durch die Planetensphären hindurchbewegt, nicht nur das ätherische Licht, sondern auch die qualitative Schwere der verschiedenen Planeten. Unserem individuellen Karma entsprechend nehmen wir das moralische Gewicht der Planeten in unsere Konstitution auf und bilden so für das Erdenleben unsere Fähigkeiten und Eigenschaften aus.[5]

Was dieser große Lehrer bei verschiedenen Gelegenheiten mitgeteilt hat, läßt sich nicht in ein einziges abgeschlossenes System bringen, so daß sich das oberflächliche Denken mit endgültigen Antworten zur Ruhe setzen kann. Ich kehre nun zu dem zu Beginn Gesagten zurück: Wir wissen nicht immer, was unsere Fragen eigentlich beinhalten. Und je weiter wir in den Kosmos hinausgehen, umso mehr verändert sich auch ihr tatsächlicher Inhalt. Wenn wir wirklich zu einem umfassenderen und universelleren Wissen unterwegs sind, so werden wir selbst zu einem integrierenden Bestandteil dieser notwendigen Veränderung, und wir werden die Frage, lange bevor wir die gesuchte Antwort erreichen, verwandelt haben.

Anmerkungen und Hinweise

Rudolf Steiners Überwindung des Agnostizismus
(Anthroposophy I, 1296, 1)

1 Im »Observer«, 6.12.1925.
2 Die Mystik im Aufgange des neuzeitlichen Geisteslebens und ihr Verhältnis zur modernen Weltanschauung, Dornach 1977.
3 Es sei denn, wir wollten auch die schwärmerischen Ausführungen und Spekulationen, in welchen sich Wissenschaftler hin und wieder ergehen, einbeziehen; doch sie sind, da sie nebulos und verschwommen sind, mystisch im schlechten und nicht im guten Sinne des Wortes.
4 Rudolf Steiner, Mein Lebensgang, Stuttgart 1967, S.16-17.
5 op. cit., S.27-29.
6 Anthroposophische Leitsätze, Dornach 1972.
7 Grundlinien einer Erkenntnistheorie der Goetheschen Weltanschauung, Stuttgart 1961, S.63.
8 op. cit., S.59.
9 op. cit., S.87.
10 Alfred Noyes, The torch-bearers.
11 Grundlinien, S.48.
12 op. cit., S.60.
13 Steiner, Goethes Naturwissenschaftliche Schriften, Stuttgart 1962, S.89.
14 Grundlinien, S.75.
15 Lebensgang, S.71.
16 Grundlinien, S.91.
17 Lebensgang, S.290-291.
18 Die Mystik, S.21.
19 op. cit., S.22.
20 op. cit., S.23.
21 Anthroposophische Leitsätze, S.23.

Die Physik und das Licht der Welt
(Anthroposophy V, 1930, 2)

1 Science at the Crossroads, Eine Würdigung von Whiteheads Werk »Science and the Modern World« vom anthroposophischen Gesichtspunkt aus: George Adams Kaufmann: in Anthroposophy- a quarterly review of Spiritual Science, Vol.II, No.2, London 1927.
2 Die Mystik im Aufgange des neuzeitlichen Geisteslebens und ihr Verhältnis zur modernen Weltanschauung, Dornach 1977.
3 Siehe R.Steiner, Mein Lebensgang, Stuttgart 1967.
4 In späteren Jahren zog Adams es vor, das als perspektivische *Transformation* zu bezeichnen und den Ausdruck *Metamorphose* für die viel radikalere Verwand-

lung einer Form in ihr *polares Gegenteil* in bezug auf den Kreis oder die Kugel vorzubehalten.

5 Man vergleiche Cayleys Artikel über Geometrie in der 11. und früheren Auflagen der »Britisch Encyclopedia«.

6 Die Bedeutung der Anthroposophie im Geistesleben der Gegenwart, Den Haag 7.-12. April 1922, 2. Vortrag, Dornach 1957.

7 Das Gesetz der Zonen und vor allem das Gesetz der »rationalen Exponenten«. Nur die suggestive Macht eines atomistischen, materialistischen Vorurteils kann die Wissenschaftler daran gehindert haben, die klaren Zeugnisse dieser nun entdeckten Gesetze der Form des Kristalls wahrzunehmen, die uns deutlich genug sagen, daß die Quelle aller Mineral-Bildung nicht auf der Erde, sondern im Himmel ist und daß der Ursprung der Materie im Wesen des Lichts zu suchen ist. – Diese sowie andere Behauptungen, die auf den folgenden Seiten kurz angedeutet sind, sind in dem Buch über synthetische Geometrie im Lichte der Anthroposophie und als ein Vorspiel zu einer mehr geistgemäßen Behandlung der mathematischen Physik, eingehender bearbeitet: Strahlende Weltgestaltung, Dornach 1965.

8 Rudolf Steiners Vortrags-Zyklus: Die geistigen Wesenheiten in den Himmelskörpern und in den Naturreichen, Helsingfors, 3.-14.4.1912, 10. Vortrag, Dornach 1960. Siehe auch: Grundlegendes für eine Erweiterung der Heilkunst, Dornach 1977.

9 Siehe Rudolf Steiners Vortrag: Weihnacht, Berlin, 13.12.1907, Dornach 1977, und andere Vorträge, in denen er vom geistigen Schmerz spricht, der jede Kristallisation, jede Erstarrung zu irdischer oder mineralischer Materie begleitet; er zitiert in diesem Zusammenhang die bekannte Stelle aus dem Brief des Paulus an die Römer. Es sollte hinzugefügt werden, daß die vollständige Erstarrung des Raumes, die wir in der festen Materie vorfinden, noch mit einem dritten bestimmenden Prinzip verbunden ist, dessen Wesen durch ein tieferes Verständnis der mathematischen Physik zweifellos zutage treten wird. Das Cayleysche »Absolute« würde in seinen beiden oben beschriebenen Aspekten noch immer freie Ausdehnung und Zusammenziehung zulassen. Einfach ausgedrückt, es fixiert die Gestalt, aber nicht die Größe, das Format oder Maß der räumlichen Formen. Auch dies gehört zur eigentlichen Natur des sonnenerschaffenen Raumes, in dem wir leben: in ihm ist freies Wachstum möglich. Gerade diese Freiheit unterscheidet den euklidischen Raum von den nichteuklidischen Räumen, die ebenfalls denkbar sind und welche auf beiden Seiten von ihm abweichen. Der sonnen-erschaffene Raum bringt seine höchste Natur nicht in der Fixierung, sondern in der von ihm zugelassenen Freiheit des Wachstums zur Offenbarung, ohne die vieles von der Schönheit, die wir im Raum erfahren – in der schönen Proportionalität der Dinge –, nicht existieren würde.

10 Goethes Naturwissenschaftliche Schriften, Stuttgart 1962, S.207.

11 Vgl. Rudolf Steiner über die Kristallbildung, im Torquay-Zyklus: Das Initiaten-Bewußtsein. Die wahren und die falschen Wege der geistigen Forschung, 11.-22.8.1924, Dornach 1969.

12 Der Entstehungsmoment der Naturwissenschaft in der Weltgeschichte, Dornach, 24.12.1922-6.1.1923, 1. Vortrag, Dornach 1977.

Goethes Idee von Licht und Finsternis und die Wissenschaft der Zukunft
(Golden Blade, 1949)

1 Strahlende Weltgestaltung, Dornach 1965; vgl. auch den in Fußnote 4 erwähnten Essay.
2 Cambridge University Press, 1940.
3 Grundlegendes zur Erweiterung der Heilkunst, Kap. 3, Dornach 1977.
4 Genaueres darüber, wie diese Art von Raum-Typ aus der neuen Geometrie abgeleitet wird und auch über sein Verhältnis zum weiten Feld der aus Rudolf Steiners Werk hervorgehenden wissenschaftlichen Aufgaben und Probleme, ist im Essay des Verfassers »Von dem ätherischen Raume«, Stuttgart 1964, zu finden. Es wird darin auf bestimmte frühere mathematische Werke (z.B. von Felix Klein, W.K. Clifford und D.M.Y. Sommerville) hingewiesen; in einigen von ihnen wird die Möglichkeit eines derartigen Raumes angedeutet. In dem vom Schweizer Mathematiker Louis Locher-Ernst verfaßten Lehrbuch »Projektive Geometrie«, das 1940 erschienen ist, liegt eine elementare systematische Behandlung dieser »negativ euklidischen« oder, wie er sie nennt, »polar-euklidischen« Geometrie vor. Prof. Locher sieht sich Rudolf Steiner zum Dank verpflichtet.
5 Die Bedeutung der Anthroposophie im Geistesleben der Gegenwart, Den Haag, 7.-12.4.1922. 3.Vortrag, Dornach 1957.
6 Zitiert aus Journal of the Transactions of the Victoria Institute, Vol. LXX, 1938.
7 Wissenschaftlich bestimmt als selbst-polares Dreieck mit Bezug auf den fundamentalen imaginären Kreis.
8 Das Oktaeder und der Würfel sind gegenseitig polare Formen. Was die eine in bezug auf den punktuellen Aspekt des Raumes ist, ist die andere in bezug auf den ebenenhaften Aspekt, und umgekehrt.

Pflanzenwachstum und die Formen des Raums
(Golden Blade, 1950)

Seit diesem Artikel, von George Adams und Olive Whicher geschrieben, sind von beiden Autoren zwei Werke erschienen: The Plant between Sun and Earth, London 1952, und Die Pflanze in Raum und Gegenraum, Stuttgart 1960, Neuauflage 1979.

1 R. Steiner, I. Wegmann, Grundlegendes für eine Erweiterung der Heilkunst nach geisteswissenschaftlichen Erkenntnissen, Dornach 1977.

Die dreifache Gestaltung der Welt
(Golden Blade, 1953)

1 Autorreferat eines Vortrages über »Earth and Universe in the Twentieth Century«, den der Verfasser während der Konferenz »The Awakening of the Twentieth Century« am 29.Juli 1952 im Bedford College, London, gehalten hat.
2 Siehe E. Lehrs, Mensch und Materie, 2. Aufl., Frankfurt 1966.
3 Shakespeare, Der Kaufmann von Venedig, V.Akt, 1.Szene.

4 Anthroposophischer Seelenkalender, Dornach 1977.
5 Siehe Anfang von Shakespeares Richard III.

Die verborgenen Kräfte in der Mechanik
(Golden Blade, 1959)

1 Rankine: Miscellaneous Scientific Papers, London 1881, S.564.
2 Auf welch natürliche Weise der Begriff des ätherischen Raumes uns befähigt, die morphologischen Lebenserscheinungen und besonders die räumliche Funktion des Samens oder eines anderen Zentrums keimenden Wachstums zu interpretieren, ist in den Büchern »The Living Plant« (1949) und »The Plant between Sun and Earth« (1952) gezeigt worden; beide Bücher wurden vom Verfasser in Zusammenarbeit mit Olive Whicher geschrieben und von der Goethean Science Foundation veröffentlicht. Siehe vor allem im letztgenannten Werk §§ 16 und 19. Die Koexistenz vieler derartiger Bilde-Räume ist bestimmt nicht überraschender als die Durchdringung – ohne gegenseitige Störung – zahlloser optischer und anderer Strahlungen, die in der Wissenschaft schon längst vorausgesetzt wird und mit deren Ergebnissen wir im Alltag wohlvertraut sind. Siehe »Die Pflanze im Raum und Gegenraum«, Stuttgart 1960, Neuauflage 1979.
Weiteres von George Adams über das Thema dieses Essays ist von der Mathematisch-Astronomischen Sektion am Goetheanum, Dornach 1973, unter dem Titel »Universalkräfte in der Mechanik« veröffentlicht worden.

Potenzierung und die peripherischen Kräfte des Universums
(The Britisch Homoeopathic Journal, October 1961)

1 Vortrag auf dem British Homoeopathic Congress, London, 1.6.1961.
2 L. Kolisko, Physiologischer und physikalischer Nachweis der Wirksamkeit kleinster Entitäten. Monographien, Stuttgart und Dornach, 1923-32. Zusammenfassende Ausgabe, Stuttgart 1959.
3 W.E. Boyd, Biochemical and Biological Evidence of the Activity of High Potencies. Brit. Hom. Journ., 44, 1954.
4 Zitiert aus R. Tischner, Geschichte der Homöopathie, 1939, S.278. Siehe auch Th. Schwenk, Grundlagen der Potenzforschung, 3. Auflage Stuttgart 1974; A. Leroi, Rhythmische Prozesse, Stuttgart 1950.
5 R. Tischner, op. cit, Anm. 3, S.279.
6 Goethes Botanische Schriften, hrsg. R. Steiner, Dornach 1975. R. Steiner, Goethes Naturwissenschaftliche Schriften, Dornach 1973. A. Arber, The Natural Philosophy of Plant Form, Cambridge 1950.
7 Die Abbildung auf S. 44 zeigt die Polarität an einer Kugel von zwei weiteren der fünf regulären sogenannten Platonischen Körpern, nämlich vom Ikosaeder (12 Punkte und 20 Flächen) und vom Pentagondodekaeder (12 Flächen und 20 Punkte). Von den fünf Körpern ist das Tetraeder selbst-polar.
8 H.W. Turnbull, Mathematics in the Larger Context, in Research, Vol.3, No. 5, 1950.
9 R. Steiner und I. Wegman, Grundlegendes für eine Erweiterung der Heilkunst

nach geisteswissenschaftlichen Erkenntnissen, Dornach 1977, Kap. 3. Siehe auch den 3.Vortrag vom 9. April 1922 aus dem Zyklus: Die Bedeutung der Anthroposophie im Geistesleben der Gegenwart, Dornach 1957.

10 G. Adams, Vom ätherischen Raume, Stuttgart 1964; Space and Counter-Space, in The Faithful Thinker, hrsg. von A.C. Harwood 1961. L. Locher-Ernst, Raum und Gegenraum, Dornach 1957.

11 Vgl. des Verfassers Strahlende Weltgestaltung, Dornach 1965.

12 Zitiert aus R. Tischner, op. cit., Anm. 3.

13 Siehe A.E. Waite, The Secret Tradition in Alchemy, London 1926, S.275.

14 G. Adams und O. Whicher, The Living Plant and the Science of Physical and Ethereal Spaces, 1949; The Plant between Sun and Earth, 1952; Die Pflanze in Raum und Gegenraum, Stuttgart 1960. G.Adams, Universalkräfte in der Mechanik, hrsg. von G.Unger, Dornach 1974.

Fragen und Antworten
(Golden Blade, 1962)

1 Kommentare zu einer Auswahl von Fragen, die von einem Leser des Golden Blade eingesandt wurden.

2 Anthroposophische Leitsätze, Dornach 1972.

3 op. cit., Kap. 7

4 Vortrag vom 4. Juni 1924 in Dornach, enthalten in: Esoterische Betrachtungen karmischer Zusammenhänge, zweiter Band, 14. Vortrag, Dornach 1973.

5 Vortrag vom 10. Dezember 1920 in Dornach, enthalten in: Das Wesen der Farben, Dornach 1973.

Über den Autor

Georg Adams von Kaufmann wurde am 8. Februar 1894 in den Ostkarpaten geboren. Im Jahre 1912 begann er das Studium der Physik und Chemie in Cambridge. Neben den Fragen nach einer geistigen Erneuerung der Naturwissenschaft, beschäftigte ihn sehr das soziale Problem.

Die Erkenntnisse in der physikalischen und thermodynamischen Chemie durch Ostwald, van't Hoff und Arrhenius und die daran sich anknüpfenden philosophischen Reflexionen im ausklingenden 19. Jahrhundert erweckte in einigen Forschern Ideen zur Neubegründung der Naturwissenschaft. Vor allem Wilhelm Ostwald lehnte die mechanische, atomistische Physik ab und versuchte die Naturwissenschaft in der Durchdringung der Phänomene selbst mit mathematischen Strukturen neu zu fassen. Auf dem Vortrag Ostwalds über die Überwindung des wissenschaftlichen Materialismus hat Rudolf Steiner in seinen Einleitungen zu Goethes Naturwissenschaftlichen Schriften besonders hingewiesen. Vor allem war es das Buch von Ostwald »Die Forderung des Tages«, das 1910 erschien, an dem Kaufmann seinen Entschluß faßte, an dieser Neubegründung der Naturwissenschaft mitzuarbeiten. In Cambridge wurde er dann durch Alfred North Whitehead und Bertrand Russell in seiner Suche nach notwendigen neuen mathematischen Ideen bestärkt und von ihnen auf die sogenannte »Neuere Geometrie« – die »Projektive« oder »Synthetische Geometrie« hingewiesen, die er begeistert aufnahm und die ihn von nun an sein ganzes Forscherleben erfüllen sollte.

Im Jahre 1916 schließt sich George Kaufmann dem Emerson-Zweig der Anthroposophischen Gesellschaft in London an. Doch erst nach Kriegsende, im Jahre 1919, begegnete er Rudolf Steiner. Bezüglich seinen wissenschaftlichen Fragen und den Weg, den er schon begonnen hat, wurde er von Rudolf Steiner stark ermutigt und bestätigt. »Schaffen Sie eine projektivische Mathematik.« George Kaufmann verstand, daß Rudolf Steiner von den Mathematikern und Wissenschaftlern eine qualitative Erweiterung des Raumbegriffes erwartete, um das Ätherische und das Geistige überhaupt mit klaren, mathematischen Begriffen wissenschaftlich zu erfassen.

Im Jahre 1933 erschien das große Werk »Strahlende Weltgestaltung«, ebenso der Aufsatz »Von dem ätherischen Raume« (in der Zeitschrift »Natura«) in welchem er Rudolf Steiners Idee von einem »negativen« oder »ätherischen Sonnenraum« auf der Grundlage der projektiven Geometrie mathematisch begründete. In diesem Aufsatz ist ein erster Schritt zur Lösung der von Rudolf Steiner gestellten Aufgabe, seine Ideen über »Raum und Gegenraum« mathematisch darzustellen, geleistet.

Gleich nach dem zweiten Weltkrieg, im Jahre 1947, begründete er mit Michael Wilson die »Goethean Science Foundation«. 1949 erschien das erste Buch zusammen mit Olive Whicher: »The Living Plant and the Science of Physical and Ethereal Spaces.« Hier waren die Ideen von Raum und Gegenraum weiter ausgearbeitet und anhand der Pflanzenwelt dargestellt – eine Studie über die »Metamorphose der Pflanzen« im Lichte der neuen Geometrie und Morphologie. Dann kam 1952 »The Plant between Sun and Earth« heraus, mit farbigen Bildern, und acht Jahre später, im Jahre 1960, das grundlegende Werk »Die Pflanze in Raum und Gegenraum« (Neuauflage 1979).

George Adams – während des Krieges ließ er den deutschen Familiennamen fallen –arbeitete im Rahmen der Mathematisch-Astronomischen Sektion am Goetheanum in Dornach mit, vor dem Kriege mit Elisabeth Vreede und danach mit Louis Locher-Ernst, der ein systematisches Lehrbuch über »Raum und Gegenraum« und andere Werke über die projektierte Geometrie geschrieben hat. Eine intensive Mitarbeit verband ihn auch mit Günther Wachsmuth, dem Leiter der Naturwissenschaftlichen Sektion am Goetheanum, ebenso mit den Ärzten und Forschern unter der Leitung von Ita Wegman, auch mit Karl König. Im Rahmen des mathematischen physikalischen Instituts, das Georg Unger 1956 begründete, erschien eine Reihe wichtiger Arbeiten von G. Adams, vor allem über die »Universalkräfte in der Mechanik« (1956-59). Fragen der Reinigung und Wiederbelebung des Wassers führten zusammen mit Theodor Schwenk, Alexandre Leroi und Georg Unger zur Begründung des »Instituts für Strömungswissenschaften« in Herrischried im Schwarzwald.

Mitten aus diesem arbeitsreichen und vielseitigen Forscherleben starb George Adams am 30. März 1963.

Beiträge zur Anthroposophie

Erscheinungsformen des Ätherischen

Wege zum Erfahren des Lebendigen in Natur und Mensch

Herausgegeben von JOCHEN BOCKENMÜHL
Mit Beiträgen von J. Bockemühl, G. Maier, E.-A. Müller und D. Rapp, W. Schad,
Chr. Lindenau, H. Poppelbaum.
218 Seiten mit z.t. farbigen Tafeln und ca. 20 Abbildungen im Text, kartoniert

Die gegenwärtige Naturwissenschaft steht bei allen Fortschritten im Detail vor
einer mehr oder weniger eingestandenen Grundlagenkrisis. Wege aus dieser Krisis
eröffnen sich nur dort, wo das Denken seinen »außernatürlichen«, die Natur nur
von außen systematisierenden Standpunkt aufgibt und innerhalb der Natur selbst, in
den Prozessen der Natur sich bewegen lernt. Anfangsgründe, Wege und Richtung
einer lebendigen, dynamischen Naturanschauung werden in diesem Buch an ex-
emplarischen Themen auf den Gebieten der Physik, Botanik und Anthropologie
entworfen. Es wird gezeigt, daß und inwiefern diese neuen Wege wissenschaftlich
gangbar sind.

Der Mensch in der Gesellschaft

Die Dreigliederung des sozialen Organismus als Urbild und Aufgabe

Herausgegeben von STEFAN LEBER
191 Seiten, kartoniert
Mit Beiträgen von Chr. Lindenberg, D. Spitta, B. Hardorp, W. Schmundt,
H. Eckhoff, H. Wilken, H.G. Schweppenhäuser

Mit diesem Sammelband soll ein Zugang zur sozialwissenschaftlichen Thematik im
Werk Rudolf Steiners vermittelt und die Spannweite der Ideenbildung der Dreigliederung des sozialen Organismus verdeutlicht werden. Dabei kommt es bei gleicher
Aufgabenstellung durchaus zu unterschiedlichen Antworten und Lösungsvor-
schlägen oder verschiedenen methodischen Weisen im Vorgehen. Diese Spannung
der verschiedenen Ansätze ist gewollt – in der Vielseitigkeit sowohl der Thematik als
auch der Methodik steckt für den Leser ein besonderer Reiz.

Selbstverwirklichung – Mündigkeit – Sozialität

Eine Einführung in die Idee der Dreigliederung des sozialen Organismus

Von STEFAN LEBER
319 Seiten, kartoniert

Dieses Buch gibt nicht nur die längst fällige Einführung, sondern verbindet die
sozialwissenschaftlichen Anschauungen Rudolf Steiners mit der konkreten politischen Situation in den drei Bereichen des Rechtslebens, der Wirtschaft und des
Geisteslebens. Die Analysen, Überlegungen und Beschreibungen stützen sich auf
reiches Tatsachenmaterial und arbeiten die gesellschaftlichen Funktionen und
Strukturen sowie den Zusammenhang mit dem Menschen heraus.So stellt das Buch
eine geschlossene und systematische Einführung in die Idee der Dreigliederung des
sozialen Organismus dar. Darin berührt es zugleich Fragen der zukünftigen menschlichen Gesellschaftsform, in der der Mensch sich zu verwirklichen vermag.

VERLAG FREIES GEISTESLEBEN